明天的寓言

环境保护红皮书

黎先耀 梁秀荣 高桦 **主编**

广西科学技术出版社

图书在版编目（CIP）数据

明天的寓言 / 黎先耀，梁秀荣，高桦主编. —南宁：广西科学技术出版社，2012.8（2020.6 重印）

（绿橄榄文丛）

ISBN 978-7-80666-218-2

Ⅰ. ①明… Ⅱ. ①黎… ②梁… ③高… Ⅲ. ①环境保护—普及读物 Ⅳ. ①X-49

中国版本图书馆 CIP 数据核字（2012）第 192770 号

绿橄榄文丛

明天的寓言

MINGTIAN DE YUYAN

黎先耀　梁秀荣　高桦　主编

责任编辑：黎志海　　　　　**封面设计：**叁壹明道
责任校对：苏兰青　　　　　**责任印制：**韦文印

出 版 人　卢培钊
出版发行　广西科学技术出版社
　　　　　　（南宁市东葛路 66 号　邮政编码 530023）
印　　刷　永清县晔盛亚胶印有限公司
　　　　　　（永清县工业区大良村西部　邮政编码 065600）
开　　本　700mm×950mm　1/16
印　　张　15
字　　数　193千字
版次印次　2020年6月第 1 版第 4 次
书　　号　ISBN 978-7-80666-218-2
定　　价　29.80 元

本书如有倒装缺页等问题，请与出版社联系调换。

目 录

卷首篇　明天的寓言……………………………… ［美］蕾切尔·卡逊/1

一、拯救家园

为地球呼吁………………………………………… ［美］卡尔·萨根/2

大熊猫需要"克隆"吗 ………………………………… 潘文石/8

野马啊，归来…………………………………………… 谭邦杰/13

放虎归山………………………………………………… 黎先耀/17

可找到你啦，"秦岭仙子" …………………………… 刘荫增/20

人象相争………………………………………………… 谭邦杰/24

枪口余生树袋熊 …………………………… ［德］贝克·席梅克/28

像山那样思考 ……………………………… ［美］利奥波德/33

关于保护花斑猫头鹰的争斗 ………………………… 侯文蕙/36

远去的伐木声 …………………………… 俞言琳　王新生/40

盖娅女神 …………………………………… ［美］林恩·马古利斯/42

可可西里的碑与火 …………………………………… 梁从诫/45

请全我志………………………………………………… 黄宗英/49

让 21 世纪成为相互理解的时代 ……………… 沙希·塔鲁尔/53

二、环境忧思

环境的忧虑 ·············· 〔美〕洛德·霍夫曼/56

混凝土森林·························· 沈孝辉/59

哀后院的消失 ········· 〔加拿大〕斯蒂芬·里柯克/61

暖流中的挣扎 ·················· 〔美〕T. 利文森/64

不怨太阳怨人类 ···················· 赵鑫珊/68

女娲补天 ························· 朱毅麟/71

从太空给地球体检······················· 陈 丹/74

地球的极限 ··················· 〔意大利〕佩 西/77

基因工程与生态环境 ·········· 〔美〕马克·考夫曼/81

世界末日的预言总会不攻自破 ········· 〔美〕贝克尔/83

摩天大楼遐想···························· 叶尚志/86

三、生态悲歌

再也没有鸟儿歌唱 ··········· 〔美〕蕾切尔·卡逊/90

牡蛎之死············· 林绿竹/96

狂 猫 ··················· 〔日〕水上勉/101

岛上的鸟 ························· 洪素丽/107

迎鳄鱼文 ························· 黎 均/110

大自然的哀鸣 ······················· 叶 楠/112

二十四片犁铧 ······················· 周 涛/118

邻居的"馈赠" ······················· 陈中原/123

山姆大叔向大闸蟹宣战 ················· 阙维杭/126

莼鲈之思 ……………………………………………… 黎先耀/130

天怒人怨的噪音 ……………………………………… 吴德铎/134

当心"绿色沙漠" ……………………………………… 解 焱/136

四、切肤之痛

切肤之痛 ……………………………………… [美] 阿尔·戈尔/140

赞美绿叶 …………………………………………… 王 蒙/146

西行路上左公柳 …………………………………… 徐 刚/148

戈壁绿洲非海市 …………………………………… 黎先耀/154

为何仇树 …………………………………………… 简 娩/160

三尖杉 ……………………………………………… 芳 薇/163

天山采雪莲 ………………………………………… 李如心/165

诅咒沙尘 …………………………………………… 范 曾/169

温州的坟 …………………………………………… 徐 刚/175

一封无处投寄的信——吊西石门村 ……………… 黎先耀/179

五、凭吊牺牲

世上最危险的动物是什么 …………………………… 曲格平/184

一座鸽子的纪念碑 ………………………… [美] 利奥波德/186

无补于人 …………………………………………… 黎先耀/190

见蛇就打七分罪 …………………………………… 梁秀荣/193

捕虎者说 …………………………………… [俄] 瑟索耶夫/196

海象情 ……………………………………… [英] R. 佩里/198

鲸殇 ………………………………………………… 李存葆/202

金枪鱼的墓志铭……………………………〔加拿大〕法利·莫厄特/206

金丝燕，请君口下留情 …………………………………… 点　点/211

藏羚羊与"沙图什"围巾 ………………………………… 李玉铭/214

野生动物的大敌 ………………………………………… 蔡学渊/217

凭吊人类的牺牲 ………………………………………… 黎先耀/226

编辑后记……………………………………………………… 229

卷首篇

明天的寓言

［美］蕾切尔·卡逊

　　从前，在美国中部有一个城镇，这里的一切生物看来与其周围环境相处得很和谐。这个城镇坐落在像棋盘般排列整齐的繁荣的农场中央，其周围是庄稼地，小山下绿树成林。春天，繁花像白色的云朵点缀在绿色的原野上；秋天，透过松林的屏风，橡树、枫树和白桦闪射出火焰般的彩色光辉，狐狸在小山上叫着，小鹿静悄悄地穿过了笼罩着秋天晨雾的原野。

　　沿着小路生长的月桂树、荚蒾和赤杨树，以及巨大的羊齿植物和野花，在一年的大部分时间里都使旅行者感到目悦神怡。即使在冬天，道路两旁也是美丽的地方，那儿有无数小鸟飞来，在出露于雪层之上的浆果和干草的穗头上啄食。郊外事实上正以其鸟类的丰富多彩而驰名，当迁徙的候鸟在整个春天和秋天蜂拥而至的时候，人们都长途跋涉来这里观看它们。另有些人来小溪边捕鱼，这些洁净又清凉的小溪从山中流出，形成了绿阴掩映的生活着鳟鱼的池塘。野外一直是这个样子，直到许多年前的一天，第一批居民来到这儿建房舍、挖井筑仓，情况才发生了变化。

　　从那时起，一个奇怪的阴影遮盖了这个地区，一切都开始变化。

一些不祥的预兆降临到村落里，神秘莫测的疾病袭击了成群的小鸡，牛羊病倒和死亡。到处是死神的幽灵。农夫们述说着他们家庭成员的多病，城里的医生也愈来愈为他们病人中出现的新病而感到困惑莫解。不仅在成人中，而且在孩子中也出现了一些突然的、不可解释的死亡现象，这些孩子在玩耍时突然倒下了，并在几小时内死去。

一种奇怪的寂静笼罩了这个地方。比如说，鸟儿都到哪儿去了呢？许多人谈论着它们，感到迷惑和不安。在一些地方仅能见到的几只鸟儿也气息奄奄，它们战栗得很厉害，飞不起来。这是一个没有声息的春天。这儿的清晨曾经荡漾着乌鸦、鸫鸟、鸽子、㭎鸟、鹪鹩的合唱以及其他鸟鸣的音浪。而现在一切声音都没有了，只有一片寂静覆盖着田野、树林和沼泽。

农场里的母鸡在孵窝，但却没有小鸡破壳而出。农夫们抱怨着他们无法再养猪了——新生的猪仔很小，小猪病后也只能活几天。苹果树花要开了，但在花丛中没有蜜蜂嗡嗡飞来，所以苹果花没有得到授粉，也不会有果实。

曾经一度是多么吸引人的小路两旁，现在排列着仿佛火灾浩劫后的焦黄枯萎的植物。被生命抛弃了的这些地方只有寂静一片。甚至小溪也失去了生命。钓鱼的人不再来访问它，因为所有的鱼已经死亡。

在屋檐下的雨水管中，在房顶的瓦片之间，一种白色的粉粒还在露出稍许斑痕。在几星期之前，这些白色粉粒像雪花一样降落到屋顶、草坪、田地和小河上。

不是魔法，也不是敌人的活动使这个受损害的世界的生命无法复生，而是人们自己使自己受害。

上述的这个城镇虽然是虚拟的，但在美国和世界其他地方都可以很容易地找到上千个这种城镇的翻版。我知道并没有一个村庄经受过如我所描述的全部灾祸，但其中每一种灾难实际上都已在某些地方发

生，并且确实有许多村庄已经蒙受了大量的不幸。在人们的忽视中，一个狰狞的幽灵已向我们袭来，这个想像中的悲剧可能会很容易地变成明天我们都将知道的活生生的现实。

（吕瑞兰　译）

一、拯救家园

为地球呼吁

[美] 卡尔·萨根

　　人类发现宇宙，犹如近在昨天。百万年来，我们的祖先都只知有大地，不晓得天外有天。只是到了 1000 年前，尤其是阿里斯塔恰斯时代以后，我们才不得不承认，我们并非位于宇宙的中心，并非是宇宙的主宰，而只是生活在一个无足轻重的脆弱的小天地之上，湮没在广阔无垠、永恒不变的宇宙大海之中，漂游在千亿个星系、上百兆亿个星球之间。我们斗胆检测了一下这"海水"，结果发现宇宙之海竟与我们有不解之缘。我们竟是由星尘演变来的。追本溯源，人类的产生和进化，都与遥远的宇宙中发生的事件有关。因此，我们探测宇宙的航程，实际上是一种自我发现的过程。

　　正如古代神话所说的，人类既是天之子，也是地之子。人类在地球生存的过程中，逐步继承了危险的进化包袱：对侵略和陈规陋习的嗜好和媚上仇外的习性，这对人类的生存是很不利的。但是我们也学会了同情别人、热爱子孙后代、渴望从历史中汲取教训，充分发挥自己的聪明才智——这些是我们得以生存和繁荣的有力武器。人类本性中的哪一方占上风尚无定论，尤其是当我们的眼光、理解力和思想境界只局限于地球，甚至只局限于地球上某一个小部分时，就更没有定论了。然而，宇宙的无穷奥秘，还要靠我们去发掘，因为至今尚无迹象表明，地球以外存在更高级的生命。这使我们不由得怀疑，像我们这般的文明是否总是

轻率地、不可逆转地走向自我毁灭。从宇宙空间观看地球就无所谓国界了。假如地球是一个脆弱的蓝色发光体，在群星的辉映下正在衰变成一个不显眼的光点，那么种族主义、宗教主义和大国沙文主义就难以维持了。宇宙旅行能使我们的眼界开阔。

在有些世界中，生命从未产生过，而在另一些世界上生命已经由于意外的宇宙灾祸而焚灭。但我们的世界却格外幸运，我们不仅还很好地生存着，而且还强有力地、牢牢地控制着我们的文明和人类自身。如若我们不为地球呼吁，还有谁来为它呼吁呢？如若我们不为自己的生存承担责任，那么要由谁来承担责任呢？

如果发生一场全面的核战争，喷入空中的尘埃将会反射太阳光，从而使地球稍许变冷。但是，哪怕轻微地变冷也会在农业上产生灾难性的后果。鸟类比昆虫更易受射线的伤害，虫灾将进一步造成农业的紊乱，这可能是核战争的后果之一。还有另一种值得忧虑的灾祸。全世界的瘟疫都是地区性的，到了20世纪后期，死于瘟疫的人已经不会太多了，这倒不是不存在瘟疫了，而是人的抵抗力增强了。然而，热核战争中产生的辐射至少会削弱人体的免疫系统，从而降低人们抵抗疾病的能力。从更长期的效应来看，由于发生变异，会产生新的微生物和昆虫。这对于任何幸免于核灾难的人都可能会造成更深远的麻烦。经过一段时间，当隐性变异重新组合并且表达出来，可能会产生新的可怕的人种来。隐性变异一旦表达出来，往往是致命的，只有少数不是如此。痛苦将接踵而至：心爱的人不断去世；出现无数的烧伤患者、瞎子、四肢不全者，惨不忍睹；疾病、瘟疫横行；空气和水中长期滞留着放射性毒素；恶性肿瘤、死胎、畸形儿比比皆是；缺医少药；文明荡然无存。我们本该避免的一切，却无可避免地发生了。

核战争的幸存者将可目睹不可思议的后果。高空中的氮将会烧掉并变成各种氮的氧化物，从而消耗掉高空大气层中的大部分臭氧，使大剂量的太阳紫外线透过大气层*。这骤然增加的紫外线通量可能要持续若

干年。它会导致皮癌，对于浅色皮肤的人尤其如此。更为严重的是，还不知会对地球的生态发生什么影响。大大增加的紫外线会毁灭庄稼，杀死大量的微生物。我们还不能确切地预测，究竟是哪些生物、有多少种生物会罹难，也不知道其后果有多么严重。我们现在所能知道的，只是被杀死的将是处于巨大生物结构底层的生物，而人类将在这样的生物结构的顶端苟延残喘。

我们——地球上所有的人，作为核武器的人质，都必须大力进行关于反对常规战争和核战争的教育。同时，我们还必须教育我们的政府。必须明白，只有科学技术才是确保我们生存的可靠工具。我们要敢于向传统的社会、政治、经济和宗教挑战。此外，我们还必须真正懂得，全世界的所有民族都一样是人。诚然，要做到这一点并非轻而易举。但是，就像爱因斯坦在他的建议被当做不切实际或不符合"人性"时多次重复回答的那样：我们又有什么其他的抉择呢？

早期的地球在不断的熔融和凝结过程中释放出大量的甲烷、氨、水和氢气，它们被地球捕集而形成原始的大气和海洋。在阳光的沐浴下，地球逐渐变暖，并产生了风暴和电闪雷鸣，火山爆发、岩浆奔流。这一切过程使原始大气中的分子碎裂，分子的分裂物重新聚结，逐渐生成日益复杂的物质形式，溶解在原始的海洋中。再经过一段时期后，海水变成温暖而又稀薄的液体。在地表上，发生了分子的组合和复杂的化学反应。有那么一天，偶然出现了一种分子能以其他分子为原料，复制出与它们自身相同的分子来。随着时间的推移，出现了能更加准确精细地进行自我复制的分子。自然的选择有利于那些复制能力最强的分子。哪些分子复制得好，那么，这些分子便增多。由于分子复制的消耗，以及转化成自我复制的有机分子的复杂缩合，原始的海水逐渐变稀了。生命就这样在不知不觉之中慢慢出现了。

单细胞植物出现了，而且生命也开始生产出自己的食物。光合作用改变了大气的组成，性别出现了。曾经是自由生活的形态结合在一起，

形成了具有特殊功能的复杂细胞。化学感受器官进化出来了，味觉和嗅觉也产生了。单细胞生物演化成了多细胞的群体，它们的各个部分慢慢发展出特殊的功能。眼和耳也产生了，可以看到和听见来自宇宙的信息。动植物发现陆地上可以维持生命。各种各样的生物嗡嗡作响、匍匐爬行、奔跑追逐、扑腾抖动、攀越翱翔。庞大的野兽在浓密的丛林中怒吼。胎生的而不是卵生的小生灵出现了，在它们的血管里奔腾着类似早期海水的原液。它们靠反应迅速和聪明灵巧而生存下来。后来，就在不久以前，某些栖息在树上的小动物离开树木下到地面。它们学会了直立行走，学会了使用工具，开始驯化其他的动植物，掌握了火，发明了语言。宇宙炼丹炉的灰烬现在开始出现意识了。它以前所未有的速度发明了文字、城市、艺术和科学，直至向行星和恒星发射了宇宙飞船。这一切都是氢原子在 150 亿年的演化过程中所做出的部分贡献。

几百万年以前，地球上尚无人类，可现在，无人驾驶的探测飞船正闪烁着银光，矫健地穿行在太阳系中。我们已对 20 个天外世界进行过初步的探测，包括肉眼可以看得见的行星，它们都是在夜空中遨游的光点，它们曾激励我们的祖先去醉心探索。假如人类能继续生存下去，那么有两点理由会使我们的时代为人永志：在这技术蓬勃发展的危险时刻，我们设法避免了自我毁灭；在我们这个时代，星际航行开始了。

这一切听起来像是美妙而可信的神话。但是，它确是现代科学所揭示的宇宙进化过程的简单描述。我们是经历了艰难曲折才进化而来的，而且对我们自己来说，我们本身就是一种潜在的危险。宇宙演化的所有迹象都清楚地表明，地球上的所有生命都是宇宙氢气工业的最新产品，都是极其珍贵的。在宇宙的其他地方，也可能存在同样奇异的物质变化，因此我们是多么盼望能听到来自天外的音信啊！

然而，严酷而颇具讽刺意味的是，用来把探测器送往行星的火箭同样也能用于向别国发射核弹头；"海盗"号和"旅行者"号飞船采用的核技术又正是用于制造核武器的技术；无线电技术和雷达技术既用于跟

踪、制导弹道导弹以及防御核攻击，也可用于监测和控制宇宙飞船，捕捉星外文明发出的信息。假如用这些技术来毁灭我们自己，无疑就再也不能去探测其他的行星和恒星了。相反也是这样，假如我们继续我们的航天事业，沙文主义将会进一步崩溃，人们就会从宇宙的角度来看待问题。我们将会认识到，我们只能代表整个人类去进行宇宙考察。这样，我们就会全力以赴去争取光明，而不是走向灭亡，才会去扩大我们对地球和地球上生物的了解以及寻找其他地方的生命。无论是进行载人的还是不载人的空间考察，所采用的科学技术和组织管理，以及所需要的献身精神和勇敢无畏精神，与进行战争的要求是基本相同的。因此，只要在核战争爆发之前实现了真正的裁军，这样的考察就会使主要国家的军事工业去从事一项长远的、无可非议的伟大事业，耗费在准备战争上的精力能够比较容易地转变到从事宇宙的开发事业之中。

要进行一次有限的，甚至是雄心勃勃的不载人的行星考察，开支并不很高昂。美国用于宇航事业的预算并不很高。在苏联，相应的开支要比美国高好几倍。但两国加起来也只相当于2～3艘核潜艇10年的费用，或者只相当于许多武器系统中的某一种一年的耗费。

地球上只有人类才从事科学事业，迄今为止，科学还只属于人类。它是由自然选择进化而来的人的大脑皮层的产物，其存在只有一个理由：它确实起作用。但它还不完善，有时也会用错。它毕竟是一种工具，但却是我们的最好的工具，因为它能自我修正错误，不断地运转，运用于一切事情。它有两条基本原则：其一，没有神圣的真理，所有的假说都必须加以严格的检验。权威说的话也不该一味盲从。其二，无论什么假设，一旦发现与事实不符，就必须加以修正或者抛弃。我们必须以其本来的面貌去认识宇宙，而不能将它与我们的愿望混为一谈。显而易见的东西有时只是假想，而意料之外的事有时却是真的。当范围足够大时，任何人的目标就都一样了，而研究宇宙恰恰提供了最大的范围。世上现有的文化像是一个骄傲的陌生人，经过了四五十亿年的风风雨雨

才来到地球这个舞台上，然而只经过几千年的观察就宣布自己掌握了永恒的真理。在一个如此瞬息万变的世界中，这种宣称预示着不幸，因为所有的民族，所有的宗教，所有的经济体系和知识都不能回答有关人类生存的所有问题。

在亚历山大图书馆旧址附近，至今还有一尊无头的狮身人面像，那是在亚历山大大帝之前 1000 年的第十八代法老霍伦赫布时期雕塑的。而在离狮身像不太远的地方，耸立着一座现代的微波中继塔。这两者把人类历史紧紧地联系在一起。从狮身人面像到中继塔不过是宇宙时间的片刻——宇宙大爆炸后大约 150 亿年中的一瞬。过去的一切都几乎随岁月的流逝而消失了。宇宙演化的一切迹象比亚历山大图书馆中珍藏的文化资料毁坏得更加彻底。尽管如此，凭着勇敢和智慧，人类还是找到了我们的祖先和我们所走过的逶迤历程的一些蛛丝马迹。宇宙大爆炸释放出大量的物质和巨大的能量，不知又经历了多少年代，宇宙还未定型，还没有星系和行星，更没有生命；混沌未开，到处都是一片黑暗，氢原子亦尚在虚空；四处散布的密度较大的气团在不知不觉中慢慢变大，氢聚集成比现代的恒星还要大得多的气团；最后在这些大气团中点燃了核反应的火炬。第一代星体就这样产生了，从而照亮了黑沉沉的宇宙空间。

＊这一过程与烟雾喷射器中的碳氟化合物推进剂对臭氧层的破坏相类似，但危险得多。因此许多国家禁止使用烟雾喷射器。这也被用来解释由于几十光年以外超新星的爆炸造成恐龙的灭绝。

大熊猫需要"克隆"吗

潘文石

一

现代生存的大熊猫是从其祖先——巴氏大熊猫直接延续下来的。地质记录表明,从更新世中期到晚期,长达70万年的时间里,大熊猫巴氏亚种的分布和数量达到了空前繁盛的阶段,它们分布于我国的珠江流域、长江流域和黄河流域。直到19世纪,甚至20世纪初,大熊猫仍分布于鄂、湘、川三省边界七八个县的山地中。到20世纪中叶,现存的大熊猫才被局限在我国中西部的6大山系之中。从进化的角度来看,现存大熊猫的分布格局及数量的迅速减少,只是这个物种在其漫长的进化过程中的一个短期反应。

20世纪的后半叶,就栖息地的丧失和种群数量的下降而言,是大熊猫进化史上最严重的阶段,但就人类保护这个物种所做的努力及所取得的进展而言,却是有史以来做得最好的。从1963~1978年,在全国共建立了12个专门保护大熊猫的自然保护区,占当时全国大熊猫分布区面积的百分之二十;1998年国务院下令停止对长江中上游地区天然林的采伐,至1999年,全部的大熊猫栖息地都得到了保护。这是当代大熊猫有可能继续生存的福音。

最近20多年来，面对野生大熊猫饱受的种种劫难，许多研究人员和有关管理机构正在努力弄清大熊猫面临威胁的实质和寻找有效的管理方法。公众媒介也一次又一次试图把某些"新发现的危机"和保护大熊猫的问题联系起来，以引起人们的关注。但有时候对"危机"的过度渲染，也使得人们对大熊猫的前途作出了消极的估计。

有几家报纸和电视台宣称：大熊猫的末日即将到来，"动物园的大熊猫顶多再生存50年，而野生大熊猫最多也不会超过100年。"

20世纪末，至少还有1000多只大熊猫散布在我国中西部的6大山系之中。它们的数量与20世纪50年代相比有明显下降，主要是曾经遭到严重的猎杀和栖息地面积的急剧减少所致。虽然就野生大熊猫的整个繁殖状况而言，至今仍有许多问题不甚明了，但从20世纪80年代以来，有两个研究小组对两处大熊猫野生种群作了比较深入的研究，取得了初步的成果。

至于动物园或饲养场中的大熊猫的繁殖情况，从1963年北京动物园第一次成功地繁殖了大熊猫后——国内外一些动物园和繁殖中心也陆续取得了大熊猫繁殖的成功——到1989年的27年间，全世界动物园中的大熊猫共产出112只幼仔，其中大多数在早期夭亡，仅有37只存活到半岁以上。20世纪90年代以后，拥有较多个体的动物园和繁殖中心，由于两性大熊猫容易找到配偶，繁殖情况便一年比一年好。随着人们对大熊猫生物学知识的增加，大熊猫在人工饲养情况下的繁殖情况正在逐步改善。在四川卧龙大熊猫繁殖中心，大熊猫的繁殖情况更加令人鼓舞。他们圈养的28只大熊猫，年龄结构合理，每年可成功繁殖2～4只幼仔。我们还必须特别提到北京动物园在繁殖大熊猫方面所作出的另一个巨大成绩。他们目前所饲养的3只能够进行自然交配的雄体，都是从本动物园出生的子一代或子二代个体。1998年，它们已经繁殖出了三代的个体。这样的事实使我们确信不疑——只要动物园的饲养管理得当，大熊猫也一定能进行正常的繁殖。

二

1997 年，英国爱丁堡大学的伊恩·维尔穆特采用克隆技术，终于诞生了一只举世震惊的小羊羔——多利。受到多利的启发，有研究者提出了"克隆大熊猫"的主张，他们认为，用作供体的大熊猫本身不会因为克隆而消亡，而由克隆产生的复制品也可以参加自然繁殖。因此他们认定，克隆是保护濒危大熊猫的惟一理想的途径。但他们也知道，采用大熊猫作为受体来克隆大熊猫是不现实的，于是在 1998 年又提出由异种动物作为"寄母"来克隆大熊猫的设想。他们想把大熊猫的一个体细胞移入到某一种适宜动物的去核卵胞质中，然后将这样的重构胚胎移植到一个寄母体内，便可"借腹怀胎"产生克隆大熊猫的新个体。

我们有必要讨论，保护大熊猫需不需要采用"克隆"的办法？"克隆大熊猫"能否行得通？

第一，大熊猫能正常繁殖，不需要"克隆"。

有人说"自然状况下的大熊猫繁殖不理想"，只好用"克隆"的办法来增加它们的数量，使其种群繁衍下去。那么，现存大熊猫到底能不能自己进行繁殖，便成为该不该"克隆大熊猫"的前提了。

自 1963 年以来，大熊猫已经在国内外 14 个动物园及繁殖中心进行过成功的繁殖，而且情况越来越好。如果以秦岭少数几只戴无线电跟踪颈圈的雌熊猫的产仔记录计算，它们的繁殖状况及幼仔的成活率都是通过自然交配或人工授精办法的有性生殖而获得的，从 1963～1996 年，全世界动物园大熊猫累计共繁殖了 122 窝（包括双胎及单胎），共生出 176 只幼仔。我们又何必通过"克隆"的无性繁殖办法进行生产复制呢？

雌性大熊猫分娩时一般都生双胎，可是它往往只养育一只，另一只便被抛弃了。20 世纪 90 年代以来，几个动物园及繁殖中心的科学工作

者曾经用人工辅助的办法成功地养活过几只被母熊猫丢弃的新生幼仔，但是还有一些被抛弃的幼仔因为得不到照料而死亡。如果我们能把精力、时间和经费用在这方面的研究上岂不更好吗？岂不是比绕着弯路走，费大力气去"克隆"出一只无性生殖的幼体更便捷吗？即使真的"克隆"出一只来，也还得想办法用人工来养活。在现有的条件下，还不如把精力集中在人工饲养那些熊猫"弃儿"上更加现实。

第二，同种克隆大熊猫行不通。

主张"克隆大熊猫"的研究者，先是提出同种克隆的办法，大熊猫同种克隆指的是卵或成体细胞来自大熊猫，寄母也是大熊猫。寻找前者十分容易，问题是如何寻找寄母？因为作为寄母的大熊猫首先是能够进行成功繁殖的大熊猫，如果让它放弃自己的生育机会，去怀养一个几乎没有成功把握的外来的克隆胚胎，这不符合保护大熊猫的目标，实际上就是把它当做试验品，无论是从情上和理上都是不通的。

第三，异种克隆大熊猫，只是一厢情愿的想法。

既然同种克隆做不成，于是有人便主张异种克隆。他们推测异种动物克隆有别于动物的有性远缘杂交，因为克隆技术是无性繁殖，不存在双亲染色体的配对问题；另外还假设胚胎与子宫间有可能存在免疫豁免区。

时至今日，在异种动物间的克隆尚没有任何理论的积累和实践经验的情况下，要靠黑熊、狗、猫，甚至兔子来克隆大熊猫的想法是不行的。

三

保护大熊猫的工作已经做了几十年，今天应该问一问我们的保护目标是什么？怎样做才能实现这个目标？

首先，我们不应当把一个物种看成是博物馆或动物园中那些固定的

标本或被孤立起来的个体，要把每个个体看成是物种进行过程的直接参与者。那么保护物种的基本目标就应当是：维持足够大的种群，使种群具有足够大的基因多样性，才能保证它们适应环境的变化，才能使它们免受那些随时都可能出现的灭绝因素的影响。在保护大熊猫的时候，我们必须考虑怎样做才能够维持它们的进行潜力，如果我们不能保证它们的遗传灵活性，我们也就不可能保证它们免受随时发生的环境事件的威胁。

其次，我们要指出的是，在实验室或在动物园中都实现不了上述的基本目标。因为一个物种要在其自然栖息地中生存下去，还需要保持基因的最优组合，可是谁也无法预料这个最优组合应该是什么？物种基因组合的合理水平，只能通过自然选择才能保持，也就是说，只有在其自然环境中通过增加种群规模才能够增加基因的多样性。对于像大熊猫这样被隔离于高高山脊附近的"自然孤岛"上的物种来说，相互之间基因交换的机会本来就很低，要保护它们基因的多样性或者称之为优化组合，最好的办法是在更大的分布区内存在一个复合种群的结构来进行繁殖。这是保护大熊猫自然进化过程的惟一办法，也是我们强调保护大熊猫的栖息地和有效繁殖种群的原因。

技术的进步有时可能会使我们的研究目标变得模糊起来。请听下面的说法："通过克隆大熊猫我们就可把它们的基因永久保存在冰箱之中……"难道这就算保护了大熊猫这个物种吗？

野马啊，归来

谭邦杰

野马这个名称可泛指地质史上各种曾经在地球上生存过的古代野生马种而言，但是这里专指现存于世的惟一野生马种即普氏野马又名蒙古野马而言。由于这种野马的模式标本是得自我国境内，而且近几十年来我国和蒙古是世界上尚有希望能找到残存的野生野马的地方，所以我国的学术界和野生动物爱好者对野马的历史和现状抱有更多的关注。

1956 年春，德国动物学家齐牟曼教授在我国访问期间，听说北京动物园派往新疆的工作队拍来电报称捕获了 4 匹野马。他立即表示热烈祝贺，并且说，这是一件大喜讯，他回到欧洲后，一定要让大家分享这个喜悦。

然而，一周之后，一看由新疆寄来的照片，根本不是野马，而是蒙古野驴。也难怪这些工作队员们，他们本不是动物学专业者，野驴和野马又有诸多相似之处，更何况几乎所有产野驴的地方（新疆、内蒙古、青海、甘肃、西藏），人们都把野驴叫做野马呢！

野驴、野马，虽只有一字之差，外形又差不多，但是在学术价值上却差得很远。自从 1876 年最后一匹欧洲野马死于乌克兰原野后，人们认为世上再也没有野马了，因而感到极大遗憾。不料数年之后，俄国探险家普尔日瓦利斯基在新疆准噶尔盆地发现了蒙古野马，这成了世界上惟一的野生的马。由于人类和马有着如此久远的历史渊源，又由于家马

对人类有过如此巨大的贡献，因此，尽管蒙古野马后来被证明并不是家马的直系祖先，但人们对于这世间仅存野马产生特殊的感情，也是理所当然的了。

野马的数量本来就少，而且在它的原产地（蒙古、新疆边境），至少已有20年未再发现它的踪迹。各国动物学者和自然保护论者认为：野马（蒙古野马）已成为"濒危级"（濒于绝种危机的动物）的种类之一。

蒙古野马被发现后的数年间，当时陆续有一些头骨和皮张运回欧洲，由俄罗斯、法国、英国等国家的研究所和博物馆加以研究和保存（模式标本得自准噶尔，现存圣彼得堡博物馆）。但是活的蒙古野马却很难获得。经过几度尝试，人们发现成年野马几乎无法捕获（它们十分机警，逃跑也特别快），只能捕到幼小的，但幼小的在几个月之后，也和成年的一样难捕。因此捕捉期只限于春季产驹后的几周以内，即4月底到5月下旬。这时乘野马群每天去河边饮水后休息时，突然从埋伏地点跃马冲出，紧紧追赶逃跑的野马群，1小时后幼驹跑不动了，只能束手就擒。1898年用这个办法捉到两匹驹，但因为喂羊奶不合适，很快死掉。考虑惟一可行的办法就是养若干匹正哺育幼驹的母马，到时充作养母。1899年捉到7匹幼驹，用上述办法哺育，路上走了7个月，运到乌克兰时（当时还没有铁路），只剩下4匹。这成了后来乌克兰种群的核心。1900年德国海京伯也派人去同样地方（蒙古西部靠近新疆边境的科布多），用同样办法捕获了52匹小蒙古野马，但许多经受不了半年多的长途跋涉，至1901年抵达德国汉堡时，只剩下28匹，被德国、英国、法国、荷兰、美国等国家动物园所分。1902年和1903年又陆续捉到一些，也被上述各处所分。这些野马的后代，就成了现今被人们饲养的野马群。

由20世纪初到第二次世界大战前，野外生存的和饲养中的野马群，一直保持稳定状态。野外的马群一直没有受到人类打搅，饲养的数量也

逐渐上升。但大战的爆发带来了急剧的变化。死的死，丢的丢。在战争结束时的1945年，只有捷克布拉格和德国慕尼黑动物园还剩下不到20匹，其中只有一半具有生育能力。当前全世界70家动物园饲养的300多匹野马，几乎全是这10匹3公7母的后代。惟一的例外就是阿斯卡尼亚·诺瓦野生动物园为了重建野马群，除了从慕尼黑和布拉格买回几匹外，还在1957年从蒙古的国家种马场买来一匹真正野生的野马。这匹雌野马是战后（1947年）从蒙古西部野马原产地捕捉的，也是当今世界饲养的几百匹野马中惟一直接得自野外产地者。正是由于有这样一匹野马，给半个世纪来没有获得新鲜血液的野马群增添了急需的新鲜血液，不但有力地改善了该场的种系，而且有少数能输出给其他地方，把新的血液向外扩散。

经各国动物园的精心饲养，特别是在1959年国际野马讨论会之后，野马数量一直在不断上升，8年之中增加了3倍，不可谓不快。1978年的饲养数字是299（117雄，182雌）匹，养在约70个国家动物园和其他单位里。北京动物园于1993年也引进饲养繁殖8匹野马。

野马作为一个动物种，现在可以认为不致灭亡了。但是专家们指出还存在着不少隐忧。最主要的一条就是缺少新鲜血液。几百匹现存的野马中，大部分都是那10匹野马的后代，分散到那么多的饲养单位，发生近亲交配的情况势所难免。时间久了，就会出现若干不利因素。除了1947年增加了一分新血液外，其余有许多已是最初捕获的野马的第八代或第九代后裔了。因此动物学家迫切希望从野外取得新的野马血液。

其次，在饲养方面也存在着不少问题。首先是饲养环境，必须尽可能与它的自然环境相似。过去许多动物园养不好野马，首先就是因为饲养面积不够大。在一个狭小的圈里，根本不能繁殖，而且时间久了会使体质退化。要知道野马原是广漠草原的产物，它们成年遨游于山野之间，为了觅食和避敌，活动量特别大。为适合这种习性，应该给予广阔的、能充分奔跑的运动场。场地大小及群的组合与繁殖有连带关系。雌

马在小圈中不育，移至广大场地后就怀孕了。至于群的组合，则表明社会因素对繁殖是有较大影响的。许多动物园只养一对野马，不但很少繁殖，甚至相互排斥。在它们的原产地，野马总是以 6～15 只的小群活动。小群以一匹牡马为首，率领几匹牝马和未成年幼马。它对寻觅水草、保卫牝幼、逃避狼群都负有全责，并以此作为它的全部生活中的主要任务。在牝马之间如有一定程度的对立竞争，则有利于促进牡马的性感，有选择地去配它的"意中马"。但牝马数也不可太多，太多则会使牡马消耗过甚。

编者按：如今世上有人工饲养的野马 400 匹左右，分别放养在美国、俄罗斯、德国、英国、荷兰、波兰等国家动物园和禁猎区。但是，由于长期人工圈养，近亲繁殖，野马个体趋小，寿命缩短、难产、畸形、繁殖力差、抵抗力弱、严重退化现象越来越明显，这样下去仍将导致野马的灭绝。为了挽救野马，我国近年来在准噶尔盆地进行过多次大面积和大规模的地面和空中调查，严酷而令人沮丧的事实是：没有发现野马的踪迹。根据几次国际野马保护会议建议，我国是野马主要原产国，承担了抢救野马的重大试验：让普氏野马重回故乡，野养驯化，提纯复壮。现在从欧洲运来的 11 匹第八代、第九代野马后裔（4 公 7 母）已放养到位于吉木萨尔县的新疆野马繁殖中心，祝它们在家乡的土地上自由生活，繁衍后代，重振雄风。

放虎归山

黎先耀

1998 年农历逢戊寅，丑去寅来，迎来了虎年。中国自古以来是一个农业国家，因为人口众多，耕地不足，至今发展农业仍是立国大计。而虎是食肉动物，主要吃食草动物，野猪是它们的主要捕食对象。由于老虎常常追踪野猪，长白山的老乡戏称老虎为"野猪倌"。野猪糟蹋地里的庄稼，老虎吃野猪，正是为农民除害，所以虎成了中华民族的图腾。华夏古代年节有迎神祭虎的习俗，《礼记》就记述了天子腊月祈祷丰收要迎虎，"为其食田豕也"。

昔日，林深草密，老虎繁衍，时也偷畜伤人，因此打虎也成了人们心目中的壮举。《孟子》就记载，晋有打虎行家冯妇，见了老虎就拳头发痒；下车攘臂，重操旧业。于是"再作冯妇"成了一句成语。清帝康熙秋猎归来，曾得意地诏谕侍臣："朕自幼至今，已猎虎一百五十三只矣。"文艺作品是现实的反映，不但古代小说《水浒传》中有武松打虎的描述，现代京剧《智取威虎山》里也有杨子荣上山打虎的场面。如今，由于人口剧增，山区开发，环境恶化，再加上人们随意捕杀，老虎已濒临绝境。俗话曾说"人无伤虎意，虎有害人心"；实际上已是"虎无伤人意，人有害虎心"了。这种颠倒黑白的古谚，早该重新颠倒过来了。现在，老虎已属于国家法律重点保护的动物，打虎不但称不上"英雄"，反而要沦为罪犯了。

老虎，100多万年前起源于亚洲东南部，在漫长的进化过程中，分化出了8个亚种，都生活在亚洲（所谓"美洲虎"，其实不属于虎）。世界野生动物基金会最新统计，亚洲虎的数量及其栖息地，已减少了95％以上。8个亚种的虎，其中巴厘虎、里海虎和爪哇虎，已经从地球上消失了。只产于中国的华南虎，野外已经多年见不到它们的踪影，也许仅剩下我国各地动物园中圈养的50只，而且都是6只捕获的野生虎的后代，近亲繁殖，造成体质退化。我国20世纪50年代期间，可谓"打虎英雄"辈出，至少猎杀了3000只老虎，其中大部分为华南虎。据世界自然保护同盟的猫科动物专家估计，我国野外，在湘、粤、闽、赣交界地区，最多尚残存25只华南虎；黑龙江、吉林还约有20只西伯利亚虎（即东北虎），也远远没有动物园里圈养的多了；西藏、云南的南部，生活着不足30只孟加拉虎；云南还存在30只左右的东南亚虎。现在，全世界尚存的五个亚种的虎中，要数华南虎最少，最为濒危了，令人谈虎色忧。但愿中国特产的华南虎，不会成为地球上第四个绝灭的虎的亚种。

要保护老虎。首先必须保护老虎赖以生存的野猪、野牛、羊类、鹿类等食草动物；要维持相当数量的野生食草动物，则还必须保护好为有蹄类动物提供食料的草原和森林。这样，太阳能通过大地植被的光合作用，才能为整个生物界提供绿色的摇篮。

"一山难存二虎"的民谚，说明了自然界"食物链"的关系，老虎在生态系统中，处于物质和能量转化"金字塔"的顶端。保护好老虎，才能保护好整个自然环境。人们应该认识到，保护老虎，不仅保护了这个珍贵的物种，同时也维护了老虎的栖息环境，也就保护了人类赖以生存所必需的自然条件。

近见报载，以园林闻名于世的苏州，该地动物园里就喂养了十几只华南虎，现在在这基础上，筹建一座华南虎保护繁育中心，以增加华南虎的数量，改善华南虎的质量。

　　过去张善子为了画虎，曾在"网师园"家中养过老虎。不过，卧榻旁酣睡的老虎，当然难有丛林草莽中"山大王"的雄姿和威风，因此有人曾讥讽他初期画的老虎是"大猫"。怪不得：五代时画家厉归真要进森林，白天在树上睡觉，夜晚下来窥探虎的活动；清代画家丘天民也到深山搭茅屋居住，以便观察老虎的野生状态。真是不入虎穴，焉见老虎真面目。真正要养虎遗福，终须有一天能放虎归山，恢复华南虎的野生种群，把大自然创造的杰作，归还给大自然，希望又见虎踞"虎丘"*之上。

　　*春秋时吴王夫差葬其父阖闾于阊门外海涌山，相传葬后曾有白虎踞其上，故名"虎丘"。

可找到你啦，"秦岭仙子"

刘荫增

你看见过美丽的朱鹮吗？你一定会喜爱它的！它的身体比较大，远远看去很像白鹭，一身羽毛洁白如雪，脸和腿的颜色却是朱红色的，翅膀下面和圆尾巴的一部分也呈现着柔和的朱红色，所以人们把它叫做"朱鹮"。由于它的体态优美，性情温顺，我国人民把它当做吉祥的象征，叫它"秦岭仙子"，日本人叫它"仙女鸟"。

可是，就是这种仙女般的吉祥之鸟，往昔分布很广，现在已经快要绝种了。到1980年，全世界只有日本饲养了6只朱鹮，而且没有繁殖能力。所以，在国际水禽研究局和日本野鸟之会举行的座谈会上，各国代表纷纷发言，愿意为寻找和拯救朱鹮作出自己的贡献。

我国的动物学家们心情更是焦急。因为在几百年以前，朱鹮曾经广泛地分布在我国东半部以及朝鲜、日本和黑龙江下游的前苏联境内。19世纪以后，由于这些地区的人口越来越多，森林遭到破坏，环境被污染，使生态环境发生了很大的变化。朱鹮适应不了这种环境，数量急剧减少，最后终于快要绝迹了。

从1978年起，中国科学院动物研究所就开始调查朱鹮的踪迹，并且把朱鹮列为一类保护动物。我也接受了一项任务：在我国境内寻找朱鹮。

我是研究鸟类生态环境的，已经工作20多年。我国一共有1000多种鸟，绝大部分我都能认出来。可是对于寻找朱鹮这个任务，我却皱起了眉头。根据记载，我国最后一只朱鹮是 1964 年在甘肃捕到的。从那以后，再没有人发现过。在这么大个中国找一种罕见的鸟，不正像是大海捞针吗？然而，我深深地知道这项工作的意义，我决心要为子孙后代保留下这种珍奇的鸟儿，为保护生态环境作出一点贡献。

根据历史上朱鹮分布的情况，我们首先在辽宁、安徽、江苏、浙江、山东、河北、河南、陕西、甘肃等 9 个省进行调查，到处给群众展览朱鹮的照片，放幻灯，希望能找到它的踪迹。各地有关单位和人民群众热情积极地提供资料、报告情况。可是两年多时间过去了，朱鹮的线索却丝毫没有发现。

我认真地总结了几年来的经验，决定选几个可能性最大的地区作为重点复查对象。

陕西秦岭地区就是其中的一个。历史上这一带朱鹮很多，而且这里地点偏僻，人烟稀少，机械化程度很低，自然环境没有受到很大破坏，所以朱鹮很可能还遗存在这里。

我第三次来到秦岭地区的陕西省洋县的时候是 5 月初。我选定这个季节也是有原因的。这时候正是春末夏初，气候并不很热，林木生长得十分茂密。另外根据文献记载，朱鹮有两种类型，一类是迁徙型的，每年春天和秋天都要飞行几千千米，很不容易寻找；另一类是留居型的，秦岭地区的朱鹮就属于这一类。加上 5 月正是朱鹮的繁殖期，找到它们的可能性比较大。一些六七十岁的老人告诉我，他们年轻的时候，看到过一种鸟，当地人叫它"红鹤"，样子很像朱鹮。

我们整天跋山涉水，知道秦岭山区的草丛里毒蛇穿行，森林里野猪和狗熊出没，叮人的小虫咬得人整夜不得安宁。但为了寻找朱鹮，我们还是到处奔波，可是仍然什么也没有发现。看来洋县是没有什么找到朱鹮的希望了。5 月 22 日，我正准备离开，一位爱好打猎的农民告诉我说，他在金家河和姚家沟一带发现了一种鸟。我仔细分析了他介绍的情况，觉得很像朱鹮，就决定再去一次。

第二天清晨，我们几个人就出发了。我们步行翻过了一道很高的山梁，用了4个多小时，大家都累得满头大汗，终于来到了一个景色秀丽的峡谷。这里满山长着阔叶树，农作物主要是水稻，附近的两个山村人口稀少，正好为朱鹮提供了一个幽静的环境和捕捉田螺、小鱼的水域。忽然，头顶传来一阵鸟叫声。我抬头一看，只见一只羽毛洁白的鸟从我头顶迅速飞过。我不禁惊喜地大声叫了起来："就是它！"

原来这只鸟正是朱鹮。它的巢就在附近山坡的一颗大树上，由于受到我们的惊扰，它匆匆飞走了。

我急忙准备照相机。足足等了3个小时，朱鹮终于飞回来了，我抑制着内心的激动，拍下了它飞翔时的照片。朱鹮啊朱鹮，3年来的心血总算没有白费，我可把你找到啦！

在这一带，我们一共发现了7只朱鹮——两对成鸟加上刚刚孵出的3只幼鸟。我们在离巢30多米的地方用新鲜树枝搭了一个掩蔽所，躲在里面进行详细的观察，拍了很多照片，还给它们的叫声录了音。

朱鹮做了爸爸妈妈，可真够忙的，特别是朱鹮妈妈，它整天忙碌地飞来飞去，捕捉泥鳅、田螺、昆虫等一些小动物。它把食物存在喉部，回巢后，小鸟就争先恐后地把长嘴伸进妈妈嘴里取食。

一天晚上，朱鹮妈妈捕食回来了。幼鸟们飞起来围着妈妈要吃的。有一只幼鸟，由于体力不足落在地上，飞不起来了。我们赶紧捉了一些田螺和青蛙给它吃，还把它送回巢里。可是这只幼鸟的身体实在太弱了，第二天上午又几次掉下来。它可怜地叫着，朱鹮妈妈无可奈何地望着它，发出悲哀的低鸣。

看样子，如果不赶快采取措施，这只小朱鹮可能就活不成了。于是我们果断地决定，由人工来饲养它。我们把它抱回屋子，每天都捉些小动物给它吃。当时它的体重只有273克，可是食量却大得惊人，每天要吃500多克食物，相当于它体重的两倍呢！

不久，我们把这只小朱鹮带回北京，送到北京动物园。小朱鹮长得很快，也很结实，不到两个月，体重已经达到 1500 克了。这可是我国第一只人工饲养的朱鹮。

为了保护这种珍贵的鸟儿，我已经提出建议：它的栖息地应该严禁砍伐一切树木；附近的水田不能施用农药和化肥；也要防止很多人来参观，免得把它们惊走；当然，更要严禁捕猎朱鹮。现在我国的朱鹮已繁殖到 100 多只，大家都来为朱鹮保持一个适于它生存的环境，朱鹮家族一定会逐渐兴旺起来。

人象相争

谭邦杰

　　象本是一个和平为本、与世无争的"老好人"。它是森林之王，却专吃素食，根本不食弱小动物，更不愿招惹人类。即使有人带着枪支闯入林区捕猎，它们也多半是忍气吞声，悄悄地躲入丛林深处。

　　但是，"困兽犹斗"，何况是巨兽大象呢。当人们大量毁林开荒，破坏了大象的家园，又大量地捕杀它们时，它们就会疯狂地进行报复，出现伤人毁物、人象对抗的事件。

一

　　近年来，在东南亚各地发生野象与人对抗的事件较多，而在大象被猎杀较多的非洲反而很少出现这种对抗。这是为什么呢？主要是人与野象争地而引起的。在非洲，象群生活在极广阔的疏林草原上，食物丰富，行动自如，而且离村庄很远。虽然一些偷猎者常常捕杀它们，但还没有把象群逼上绝路。东南亚各地则不同，地域本来就狭窄，人口越来越多，野象所栖息的森林往往被人们开垦为种植园；野象生活的空间缩小了，难以满足它们的食用需要，于是就走出森林大肆骚扰。

　　在马来西亚，由于人们大量毁林开荒，野象在林中生活不下去了，只好出来偷食。1983年，西岸霹雳州有一处8800公顷的大油棕园，被

成群的野象又吃又毁，毁掉五分之一的油棕。在东岸丁加奴州也有很多香蕉、菠萝园被野象毁坏后，熊又来食用，弄得成百公顷的果园变成一片荒芜。在孟加拉国东南部吉大港附近山区森林中的象群，1984 年也因缺少食物屡次跑出来到附近的稻田区偷食，并与守田的人发生冲突。冲突中有 6 人死亡，许多人受伤。

造成人象对抗的另一原因是自然灾害。1986 年，斯里兰卡发生干旱，栖居在东南部森林区的野象群，为了取食被迫跑出森林，向附近的甘蔗种植园大举进食。由于象是保护动物，不准射杀，人们只得眼看着大面积的甘蔗林在几周内被野象毁掉。1984 年，印度也因洪水泛滥，野象从卡吉兰加国家公园逃出，闯入附近的那加兰邦，一路上冲毁大量房屋，踏坏大片农田。

人象矛盾最激烈的要算印度尼西亚了。起因是：1979 年印度尼西亚实行移民计划，有 90000 户爪哇移民要经过南苏门答腊的爱尔苏吉汗向内地迁移，并有 1000 多户留在那里开垦定居。由于事前缺乏调查研究，以为那儿森林中只有猴子和一些小动物，却不知道还有 200 多头野象。待到移民定居，在林边建起村落，开辟农田种下水稻之后，人和象的矛盾就开始发生，并逐渐深化了。楠榜省自从 1982 年有 2000 名移民迁入后，象群就开始搞报复活动。成群的野象大肆骚扰村庄，有很多庄园被它们毁坏。如一处叫奇隆的村庄，一次被野象拆毁房屋 50 处，毁坏种植园 100 公顷，吓得 200 名村民都跑光了。据报载，南苏门答腊在 1983 年内就发生过 20 次这样的事件。

在北苏门答腊，有一群约 50 头野象，在 1984 年下半年连续 4 个月不断侵扰安邦附近的橡胶园。它们白天躲入丛林，每天清晨和傍晚就出来，到橡胶园推倒橡胶树，吃树枝上的嫩叶，大约掠食一两小时后又返回森林。在大象侵扰中有人被它踩死，有人被它用鼻子卷起摔死。

由于自然保护条例规定，不准开枪射击象，野象肇事的胆子越来越大。1983 年 7 月，一群约 50 头野象在东苏门答腊廖内自治区的一处国

营庄园中，毁坏了 2400 棵油棕。人们鸣锣击鼓、燃火把、向空中鸣枪都只能吓退一时，到了晚上，它们又会来骚扰。甚至有时一等鼓噪声停止，它就卷土重来。后来，庄园主只得架设电网来防护贵重的油棕。

二

甘尼沙是印度教的象神，也就是智慧之神。印度尼西亚政府将解决人象矛盾而采取的措施，规划了一个代号叫"甘尼沙"的行动计划。从这一名称也可以看出印度尼西亚人民对象的尊重和爱护。

在印度尼西亚，人和象的矛盾愈演愈烈，如果不加以解决，移民计划就要遭到失败。怎么办？把该地 200 多头野象全部消灭，这是违背道义和法律的，是行不通的。如果把这些地方的移民村全部迁移走，又会造成重大经济损失，影响整个移民计划。于是只有设法把这些地方的象群移走，另辟一处自然保护区。这就是"甘尼沙"行动计划的内容。

"甘尼沙"计划的具体要求是用数周时间把 232 头野象驱出爱尔苏吉汗森林，穿越 50 千米的林区，移往另外一处大面积的森林中，用电网圈起来，建立一个新的自然保护区。

要把几百头成群的野象在森林中驱行几十千米，困难之大是可想而知的。首先要用电锯和推土机在象群前面开出一条 400 米宽的大道，把倒下的大树堆在大道两旁形成树墙。顺着树墙铺设电网，以防象群从侧面突围。然后用成百的人在象群后面驱赶，用直升飞机在上空不断巡视，报告形势，并在必要时协助工作。

为了实现"甘尼沙"计划，他们从军队请来一位中校担任行动指挥官，调动几百名官兵和大批民众。甚至从印度、肯尼亚、津巴布韦请来专家指导和协助。这次行动的口号是"为了人和象的幸福，我们的任务是保存和保护好生态环境"。中校指挥官还发下一道命令："在执行任务时必须保护好整个象群，任何官兵不准杀害一头象，违反命令者立即从

部队除名。"

行动是在 1982 年 11 月 15 日开始的。一声令下，成百的人群鼓噪围追象群。有的拿着火把，有的向天空鸣枪，有的用扩音机大声嚷嚷，有的敲锣打鼓，有的向前方投掷"麻雷子"（一种爆竹）。直升飞机也跟在象群后面督阵。在人群强大的攻势下，象群急速奔走。但人们并不急追，而是在周密考虑下，按指挥官下达的命令有控制地向前推进。从早晨开始行动，到下午 4 时就安营，每天向前推进两三千米。

在迁移中，大多数象都比较老实地跟着母象走。小象要常常停下来吃草，又走得慢，因此，只要人们不追赶，它们老是慢条斯理地行走。极少数脾气坏的大公象有时要闹点事。如有一次，一头大公象也许是想"杀回老家去"，竟怒冲冲地转回身子，向后面的人群奔来。有人立刻用点燃的"麻雷子"向它掷去。它居然捡起一枚还没有爆炸的"麻雷子"向人群投去，吓得人群慌乱逃跑。后来人们用熊熊火把威吓，才将它驱回象群。还有一次，发生过一次真正的暴乱。那是一个大雷雨的夜晚，有 68 头大象集体暴动，冲破了一侧的电网和障碍物，逃出重围，企图返回原来的家园。它们走到一处新辟的庄园大肆破坏。后来，还是指挥部派来大批武装军警，将它们包围，并点燃大量的火把、爆竹等，才迫使它们重返迁移的象群队伍。

"甘尼沙"行动计划终于在 1983 年 1 月 1 日完成，共用了一个半月的时间，将 200 多头野象驱过 50 千米的密林，全部安全到达目的地。

自"甘尼沙"计划之后，苏门答腊的楠榜省，为了把不断骚扰甘蔗种植及制糖中心区的 48 头野象迁移到 60 千米外的森林保护区去，动用了 70 名官兵和数百名民众，从 1984 年 10 月开始，直到 1985 年 4 月才告结束，共花费 6 个月时间。在迁移途中屡遭挫折，再三返工。最为困难的一次是驱使象群渡过一条大河。人们用尽各种手段，大象就是不肯下河。就这样在河边来回转悠，竟耽误了 51 天。等到最后象群情愿渡河时，全群游到对岸才用去 30 分钟。

枪口余生树袋熊

[德] 贝克·席梅克

设法搞到树袋熊，这是每个动物园梦寐以求的大事。但是，除去澳大利亚，世界其他地区还从来没有这种好玩的"小长毛绒熊"。这可能有种种原因，其中之一就是澳大利亚政府严禁将活树袋熊运往国外。有些国家认为，禁运措施有助于恢复稀有动物的数量。不过，这只是治标的办法，所取得的成效甚微。

早在 100 年前，澳大利亚到处都分布有树袋熊——引人发笑的可爱的小野兽。当时青年人常常拿这些活靶子寻欢作乐。那还用说吗！命中这种活靶子是很容易的事，因为树袋熊行动迟缓，在那稀疏的桉树叶里一目了然。往往要连开几枪才能将树袋熊打死，因为它们的生命力强得惊人。甚至半死的树袋熊还能用"手"或"脚"痉挛地抓住树枝不放，悬挂在树枝上很长时间不掉下来。树袋熊的趾爪很适应于抓握树枝。后肢大拇指与其他四趾相对，前肢大拇指和食指分向一旁，在抓握树枝时，一边两指，另一边三指，这样就能牢牢地抓住树枝。

狩猎树袋熊不是软心肠的人所能从事的，因为受伤的树袋熊连哭带号，叫声很像软弱无力的吃奶孩子的哭声，听了无不为之动心。

更为可怜的是树袋熊被活活烧死的那种惨不忍睹的状况。每次大火一烧．就会造成上百万只的树袋熊丧生，直到现在，每年被烧死的树袋熊依然不少。澳大利亚人有一种烧荒垦田的习惯，每年都要烧毁一些树林，以便为日益增多的绵羊扩大牧场的面积。

但是，对树袋熊来讲，大火还不是最主要的灾难。最可怕的是，它们有一身银灰色的柔软、结实、漂亮的毛皮。例如，1908年一年里，在悉尼市场上就成交了57533张树袋熊皮。1924年，从东澳大利亚运出的树袋熊皮竟达200多万张！

当时，美国规定禁止进口树袋熊皮。可是，澳大利亚本国依然不假思索地继续出售她那绝无仅有的奇兽。因此，到了1927年，由于贪得无厌的狩猎活动和各种疾病，在新南威尔士和维多利亚洲，树袋熊几乎完全绝迹了；昆士兰州，当时树袋熊还比较多些，宣布还可以"自由狩猎"。仅仅在这一年里就出售了1万张狩猎执照，有60万张这种无辜受害的树袋熊的皮运往国外。

澳大利亚人艾利思·特鲁汤当时作了如下记载：

"简直令人难以置信，在一个文明的国度里，这种毫无自卫能力的并且是稀有的珍兽，会遭受到如此残酷的射杀，而所有这一切仅仅是为了自私自利的贸易和利润。"

除此之外，树袋熊中又曾流行了可怕的传染病，它们成批地死亡。如果是居群很大时，还能经受住这些疾病的袭击，然而一旦动物的数量越来越少时，在经过某种动物传染病之后，就可能完全绝灭了。

在自然条件下观察树袋熊的活动是很容易的，也是一件蛮有趣的事。树袋熊一般栖息在干燥地区的稀树林里，很便于观察。如果你夜里出去散步（在澳大利亚，夜里你可以放心大胆地到处走走，因为即使在最荒僻的密林里也没有可怕的动物），根据树袋熊的声音，很容易找到它。在繁殖季节，雄兽在夜里总是"吵吵嚷嚷"。它们的叫声，可不怎么悦耳，像锯薄板时发出的刺耳声。如果用聚光灯照射树袋熊，它们一点儿也没有反应。在白天，它们对人也不在意。有时，它们瞪大圆圆的眼睛，从树上好奇地望着你，正如你看它们那样。树袋熊就是这样麻痹大意，不想避人，很多都因此而丧生。至于土著人，他们能用棍棒巧妙

而准确地一下子把树袋熊从树上打下来。

当澳大利亚人意识到活的树袋熊比它的皮更美丽、更珍贵时，他们便宣布树袋熊也列为自然保护对象。不过现在，仅仅在澳洲大陆的东部地区才能遇到这种自然保护对象，它们大致分布于由滨海城市汤斯维尔起，向南经昆士兰，至新南威尔士的墨尔本这一地域内。在内地，树袋熊仅分布于大分水岭山的西坡上。南澳大利亚和西澳大利亚一只树袋熊也没有了。而在昆士兰州，树袋熊由原来的几百万只，减少到了几千只。

近几十年来，维多利亚州曾多次打算在树林里重新放养树袋熊。运进的树袋熊大半产自菲利普岛。人们想出一种巧妙的捕捉方法：在长杆头上拴一活绳套，套到悬在树干高处的树袋熊脖子上。绳套上打一活结，在拉紧时可不致于把树袋熊勒死。用这种活绳套把可怜的树袋熊从树上拉下来时，下面用拉紧的布单接住，掉下来时就不会摔死了。在菲利普岛捕到的最大的树袋熊，体重 16 千克。在维多利亚州，已有 50 处又放养了树袋熊。

每当林务员运来一批"新来户"放到它们未来的住地的时候，一路上在每所学校附近都要停一停，打开木箱让孩子们瞧瞧这些象征澳大利亚国家徽号的动物——树袋熊该多么有趣，让孩子们懂得树袋熊不是害兽。这是一种让人们不要再伤害树袋熊的最好的宣传办法。因为在澳大利亚，遗憾的是并不禁止任何人携带枪支。因此可以说，这些树袋熊是通过这种特殊的途径回到自己的老家的。

然而，放养的树袋熊不能很快地进行繁殖。它们大概要到 3 岁，甚至 4 岁时才能性成熟。到了这样的年龄，精力充沛的雄兽就开始选择妻妾，然后便竭力保护妻室，不让竞争对手染指。孕期 25～30 天，新生仔兽仅 5.5 克。出生后，幼仔还要在母亲的育儿袋里度过整整 6 个月。一般每胎仅产一仔，很少有双胎，一胎生 3 个小仔根本不可能，因为育儿袋里只有两个乳头。

树袋熊对食物非常挑剔。它们是食草动物，而且只吃桉树叶子。其他哺乳动物，很少有食性专一到如此窄的程度。为了更好地消化粗糙的食物，树袋熊长有颊囊，盲肠达 1.8～2.5 米长（有些动物的盲肠也是用于消化粗糙的植物纤维）。树袋熊盲肠的长度比其自身长 2～3 倍（体长 60～80 厘米）。树袋熊还不是任何桉树叶都吃，而是只吃某几种。澳大利亚约有 350 种桉树。它们能吃的不过 20 来种，它们只比较喜欢吃其中 5 种桉叶，它们最喜欢吃的是甘露桉和称作糖桉、斑桉和玫瑰桉的叶子。一只树袋熊每天不慌不忙地大约能吃 1.1 千克桉叶。因此，在动物园里饲养树袋熊是极其困难的事。在任何一个欧洲动物园里都看不到这些好玩有趣的动物。从哪里能经常找到各种桉树叶去喂它们呢？而且需要量又是那么多！

树袋熊可说是浑身"浸透了"桉叶里含的芳香油，散发出那种治咳嗽的薄荷片的浓郁气味。这种气味大概对它们很有益处，说不定就是由于这种气味，它们那美丽柔软的皮毛里才没有寄生虫。

"考拉"（即树袋熊）一词，在澳大利亚当地人的语言里是"不喝水"之意。然而饲养的树袋熊都喜欢喝牛奶和水，像狗一样从大碗里舔着吃。无论是 1770 年来到这里的最早发现这些地区的库克船长，还是移民到悉尼地区来的最早的犯人，当时都没发现树袋熊。1798 年，领导考察队去"蓝山"地区考察的一位青年人写了一篇报道，这是第一次提到了树袋熊。这位年轻的队长写道，他看到一种当地人称之为"卡尔万"的动物，很像美洲的树獭。一年以后，悉尼总督阁下就收到一件礼品——活的树袋熊，育儿袋里还有一对双生小仔。

人们很快就明白了，离开澳大利亚饲养树袋熊是非常困难的，所以很久都未能把活的树袋熊运到欧洲。加利福尼亚州的各家动物园，特别是圣迭戈的动物园，在解决树袋熊食物方面的情况要比欧洲各动物园好得多。因为在 28 年前，加利福尼亚种植了几种桉树，而且生长情况良好。这些桉树种植在公园里培育澳大利亚植物群的那一小区，这些植物

基本上已适应了当地的自然条件。加利福尼亚是半干旱性气候，这些植物在这里成活情况良好。因此，1925年由当时的动物园主任福科涅尔从澳大利亚运来两只树袋熊，其中一只在这里活了整整两年。从那时起，在公园里又种植了很多新的桉树，种类也增多了。

好在澳大利亚人现在也明白了，他们所拥有的动物财富多么宝贵。如今，澳大利亚人也很珍惜地在保护这些令人感到亲切的"小长毛绒熊"，然而从前，它们险些被彻底地消灭了。

像山那样思考

［美］利奥波德

　　一声深沉的、骄傲的嗥叫，从一个山崖回响到另一个山崖，荡漾在山谷中，渐渐地消失在漆黑的夜色里。这是一种不驯服的、对抗性的悲哀，和对世界上一切苦难的蔑视情感的迸发。

　　每一种活着的东西（大概还有很多死了的东西），都会留意这声呼唤。对鹿来说，它是死亡的警告；对松林来说，它是半夜里在雪地上混战和流血的预言；对郊狼来说，是就要来临的拾遗的允诺；对牧牛人来说，是银行里红墨水的坏兆头（指入不敷出）；对猎人来说，是狼牙抵制弹丸的挑战。然而，在这些明显的、直接的希望和恐惧之后，还隐藏着更加深刻的涵义，这个涵义只有这座山自己才知道。只有这座山长久地存在着，从而能够客观地去听取一只狼的嗥叫。

　　不过，那些不能辨别其隐藏的涵义的人也都知道这声呼唤的存在，因为在所有有狼的地区都能感到它，而且，正是它把有狼的地方与其他地方区别开来的。它使那些在夜里听到狼叫，白天去察看狼的足迹的人毛骨悚然。即使看不到狼的踪迹，也听不到它的声音，它还是暗含在许多小小的事件中的：深夜里的一匹马的嘶鸣，滚动的岩石的嘎啦声，逃跑的鹿的砰砰声，云杉下道路的阴影。只有不堪教育的初学者才感觉不到狼是否存在和认识不到山对狼有一种秘密的看法这一事实。

　　我自己对这一点的认识，是自我看见一只狼死去的那一天开始的。

当时我们正在一个高高的峭壁上吃午饭。峭壁下面，一条湍急的河蜿蜒流过。我们看见一只雌鹿——当时我们是这样认为——正在涉过这条急流，它的胸部淹没在白色的水中。当它爬上岸朝向我们，并摇晃着它的尾巴时，我们才发觉我们错了：这是一只狼。另外还有六只显然是正在发育的小狼也从柳树丛中跑了出来，它们喜气洋洋地摇着尾巴，嬉戏着搅在一起。它们确确实实是一群就在我们的峭壁之下的空地上蠕动和互相碰撞着的狼。

在那些年代里，我们还从未听说过会放过打死一只狼的机会那种事。在1秒钟之内，我们就把子弹上了膛，而且兴奋的程度高于准确。怎样往一个陡峭的山坡下瞄准，总是不大清楚的。当我们的来复枪膛空了时，那只狼已经倒了下来，一只小狼正拖着一条腿，进入到那无动于衷的静静的岩石后面去。

当我们到达那只老狼的所在时，正好看见在它眼中闪烁着的、令人难受的、垂死时的绿光。这时，我察觉到，而且以后一直是这样想，在这双眼睛里，有某种对我来说是新的东西，是某种只有它和这座山才了解的东西。当时我很年轻而且正是不动扳机就感到手痒的时期。那时，我总认为，狼越少，鹿就越多，因此，没有狼的地方就意味着是猎人的天堂。但是，在看到这垂死时的绿光时，我感到，无论是狼，或是山，都不会同意这种观点。

自那以后，我亲眼看见一个州接一个州地消灭了它们所有的狼。我看见过许多刚刚失去了狼的山的样子，看见南面的山坡由于新出现的弯弯曲曲的鹿径而变得皱皱巴巴。我看见所有可吃的灌木和树苗都被吃掉，先变成无用的东西，然后则死去。我看见每一棵可吃的、失去了叶子的树只有鞍角那么高。这样一座山看起来就好像什么人给了上帝一把大剪刀，并禁止了所有其他的活动。结果，那原来渴望着食物的鹿群的饿殍，和死去的艾蒿丛一起变成了白色，或者就在高山鹿头的部分还留有叶子的刺柏下腐烂掉。这些鹿是因其数目太多而死去的。

　　我现在想，正是因为鹿群在对狼的极度恐惧中生活着，那一座山才不必在对它的鹿的极度恐惧中生活。而且，大概就比较充分的理由来说，当一只被狼拖去的公鹿在2年或3年就可得到补替时，一片被太多的鹿拖疲惫了的草原，可能在几十年里都得不到复原。

　　牛群也是如此，清除了其牧场上的狼的牧牛人并未意识到，他取代了狼用以调整牛群数目以适应其牧场的工作。他不知道像山那样来思考。正因为如此，我们才有了沙尘暴，河水把未来冲刷到大海去。

　　我们大家都在为安全、繁荣、舒适、长寿和平淡而奋斗着。鹿用轻快的四肢奋斗着，牧牛人用套圈和毒药奋斗着，政治家用笔，而我们大家则用机器、选票和美金。所有这一切带来的都是同一种东西：我们这一时代的和平。用这一点去衡量成就，全部是很好的，而且大概也是客观的思考所不可缺少的，不过，太多的安全似乎产生的仅仅是长远的危险。也许，这也就是梭罗的名言潜在的涵义：这个世界的救星是荒野。大概这也是狼的嗥叫中隐藏的内涵，它已被群山所理解，却还极少为人类所领悟。

（侯文蕙　译）

关于保护花斑猫头鹰的争斗

侯文蕙

1989 年夏天的一个星期一的下午，在美国俄勒冈州的莱恩郡会议中心，一位名叫芭芭拉·凯利的妇女正在发言。这里在进行一个听证会，挤在大厅里的大部分人都是普通市民。他们之所以不顾炎热，从繁忙的工作中挤出时间来参加这个听证会，为的是他们共同关注的一个问题：北方花斑猫头鹰——一种太平洋东岸美国北部的古老森林中的奇特猛禽，是否应该根据美国国家《濒危物种法案》列入到正在受到威胁的濒危物种表中去。

凯利，"拯救我们的生态"的领导人，极力支持将花斑猫头鹰列为濒危物种。她认为，保护花斑猫头鹰，也就是保护它所栖息的古代森林，而这样的森林已经快被砍伐殆尽了。因此，为了保护这些残存的森林，就必须终止砍伐。她说，如果继续砍伐，这些森林就将变成由"一排排难以抵御火灾和疾病的单一树种"组成的人工林场，成为既不适于猫头鹰，也不适于美洲豹和其他野生动物甚至人生活的地方。

反对将花斑猫头鹰列为濒危物种的呼声主要来自在伐木业工作的人们。吉姆·斯坦达德，一个世代靠伐木为生的男人，认为伐木者在砍伐的同时，也在栽种，因此，他们不是在"毁灭"野生动物的栖息地，而是在"扩展"它。他坚持说，在维护"我们的自然资源的永恒"上，"伐木业比任何一个群体都做得多"。因此，他敦促大家去"努力保护那

些努力保护森林的人",不要去为了"一只小鸟"而在乎它赖以生存的树有多大或多老。一位名叫苏珊·莫根的妇女的态度则更为明朗。她代表"俄勒冈开发工作者"组织和一群依靠伐木工业生活的家庭。她强烈呼吁美国国家鱼类和野生动物管理局不要将花斑猫头鹰列为濒危物种,否则就将会毁掉千万个像她那样依靠伐木业为生的家庭的生计。

辩论双方各执一词,互不相让。整个听证会的气氛激烈而紧张。

实际上,这次听证会只是自 1987 年就开始的一场波及全国的大辩论的一部分。

1987 年 7 月,美国国家鱼类和野生动物管理局收到一份根据国家《濒危物种法案》将花斑猫头鹰列入濒危物种的建议书。但在当年的 12 月,美国国家鱼类和野生动物管理局就以论证不足而做出了不能列入的决定。为此,国内的一些大型环保组织,发起了一个全国范围内的大辩论。前面提到的听证会就是这个大辩论的缩影。

显然,辩论双方的分歧并不在于花斑猫头鹰是不是濒危物种,而是在于,当人的经济利益与非人类的生命发生冲突时,孰为先?是否值得牺牲前者而保护后者?

1990 年 6 月,美国国家鱼类和野生动物管理局终于将花斑猫头鹰列为濒危物种,并据此而划出了总数达 279 万公顷的花斑猫头鹰栖息保护区。作出这一决定的根据纯粹是科学性的,即这种北方花斑猫头鹰只能生活在太平洋东岸的西北部古代针叶林中。而 20 世纪 80 年代伐木业的增长正使这个地区的古代森林急剧减少,不仅严重威胁着花斑猫头鹰的生存,甚至也威胁到这个地区的生态环境。随后,1993 年,克林顿政府又在公共森林中划出 299 万公顷作为花斑猫头鹰栖息区,另有 105 万公顷河滨地为水生动物保护区。

这无疑是美国环境保护主义者的一大胜利,至少从政策上是如此。而且,尤令环境保护主义者们欣慰的是,在这个漫长的猫头鹰辩论中,舆论的多数一直是倾向于支持他们的。1990 年,据 CBS 新闻和《纽约

时报》的调查，有 74％的应答者都表示支持不惜代价地保护环境。这个比率比 1981 年提高了 30％。因此可以说，联邦政府有关花斑猫头鹰的一系列政策是大多数美国人所认可的。而且，从更深层的意义上说，正是美国人的环境意识的提高促成了这样一个结果。

所有这些都有可能给人一种印象，即在经历了 20 世纪 80 年代从里根到老布什执政的低谷期后，美国的环境保护运动似乎又可以重新高涨起来，并在 90 年代迎来继 70 年代之后的又一个"绿色的十年"，而这场因花斑猫头鹰引发的辩论似乎也可以划上一个句号了。

事实却远非如此。树欲静而风不止，美国的环境保护主义者发现，在整个 20 世纪 90 年代，他们不仅不能高歌猛进，反而不得不左抵右挡，去对付来自不同角度的冲击和挑战。

来自环境保护主义反对派的狂言："环境保护主义是一个新的异端。"1992 年，"明智的利用"运动领导人让·阿诺尔德公开声称，"在环境保护主义那里，树木受到膜拜，而人却成了奉献在祭坛上的牺牲。它是邪恶的，因此我们要摧毁它"。

来自环境保护运动内部的不同意见，提出所谓"环境正义"的口号，说："我们是为了保护人而活动，而不是为了鸟和蜜蜂。""非裔美国人不关心'濒危物种'，因为我们才是濒临危险的物种。"

如前所述，环境保护主义是一种信念，是一种重建人与自然关系的强烈愿望。要实现这种愿望，按照利奥波德的说法，就必须树立一种自然共同体的意识："要把人类在共同体中的征服者的角色，变成这个共同体中的一员和公民。它暗含着对每个成员的尊敬，也包括对这个共同体本身的尊敬。"只有树立了这样的一种道德意识，人们才可能在运用其在这个共同体中的权利时，感到他所负有的对这个共同体的义务。这种认识，不仅依赖于对自然本质的科学理解，同时也依赖于在了解基础上建立起来的对自然的感情。

目前使环境保护主义者们困窘的问题还不只是它自身的某些缺陷，

还有一个更重要的时代所带来的变化——到了 20 世纪末，那种曾被环境保护主义所激烈批判过的技术崇拜，似乎又在悄然兴起。信息技术、基因技术、纳米技术……五花八门的新技术似乎在应付各种环境灾难上给人们增添了一线希望：人可以用破坏了自然的技术去创造另一个自然。而且还不止于此，世纪之交的人们似乎已没有了 30 年前的那种危机感：环境问题并不像人们在 30 多年前预感的那样严重，罗马俱乐部的"增长的极限"似乎也未到极限。更有甚者，那就是 20 世纪 90 年代美国连续十年的经济繁荣所滋长起来的一种乐观情绪。人们似乎更情愿相信"未来会更好！"于是，什么"臭氧层空洞"呀、"温室效应"和"全球变暖"呀，似乎都有"狼来了"式的虚张声势之嫌。这是环境保护主义者们所要重视的不可回避的一种观念。

面对这样一种形势，回顾 30 年的奋斗历程，站在世纪之交的环境保护主义者们，也许和我一样，有一种"昔我往矣，杨柳依依；今我来思，雨雪霏霏"的悲壮之感吧！

远去的伐木声

俞言琳　王新生

"上山倒!""下山倒!""横山倒!"这是伐木人的"顺山倒"号子。当轰隆隆的油锯声在林海雪原化成橘红色的波浪倾撒在雪地时,一棵棵、一片片云杉大树在新疆天山峡谷中轰然倒下——这是伐木的黄金季节。

从解放初开始,天山深处的伐木人年复一年就这么干着,最高年份可伐木 40 多万立方米。几十年过去了,新疆的国有林区伐掉了 1660 万立方米的商品材,同时也向国家上缴了 37 亿多元的税收。伐木人很辛苦,吃干馍,住冬窝子,打绑腿,撬压脚子。一冬天泡在雪地里,好多人腰酸腿痛,还得了关节炎,落下风湿病,还有的被木头压死或致残。戈壁新城,瀚海油田,兰新铁路……新疆几十年的建设,渗透着伐木人的血汗。

可总不能就这样伐下去啊,一年下来,除了国家计划内生产的木材,还有林区生活用材、农牧业用材、偷砍滥伐的木材等等,这得消耗多少木材啊。新疆本就是少材省区。森林是涵养水源的,新疆河流的水源均来自山区,山区水总量达到 2048 亿立方米,占全区降水总量的百分之八十四,而 882 亿立方米的地表水资源均来源于山区的降水和冰川融水。分布在山区海拔 1300～2800 米的天然林处于多水系的源头或中上游地带,是一座巨大的绿色水库。森林资源减少了,雪线上升了,降

水也就少了。河流会断流，荒漠植被将枯死，农田将被弃耕，甚至危及到下游农牧民的饮水，更谈不上经济的可持续发展了，加之新疆山高坡陡，森林植被少，破坏容易恢复难啦！

"再不能伐了！""木头饭吃不了几年了！"林区人这么说着，这么想着。

是啊，新疆166万平方千米，而天然林面积才454万公顷，这两个数字的对比本身就足以说明新疆生态的脆弱了。生态环境的警钟在向我们敲响。

新疆林业的生态效益是第一位的，因为新疆的山区天然林多为水源涵养林。按照区划，全部划为生态公益林，并将生态公益林划分为重点生态公益林（禁伐区）和一般生态公益林（缓冲区），各占总面积的百分之七十以上和百分之三十以下。禁伐区指生态环境极为脆弱、生态作用突出的地区，严禁采伐。缓冲区指生态环境相对脆弱，但仍有恢复能力，在管护建设的同时，可进行适度的择伐和抚育间伐，以改善林分生长环境，促进林分质量。到2003年，新疆维吾尔自治区将全部停止采伐。通过发展养殖业、种植业、采矿业、旅游业和饮食服务业，多种经营收入就达8000多万元，实现利税1300多万元。真可谓走出森林天地宽。随着西部大开发战略的实施和企业产业、经济结构的调整、完善，大森林又将撑起一片蓝天，而伐木声却离我们远去了。

盖娅女神

[美] 林恩·马古利斯

　　第二届盖娅讨论会于 1996 年 4 月在英国举行，名为"盖娅在牛津"，会上科学家和环境激进分子都来讨论超生物（Superorganism）的问题。这个行星上的所有生命是不是组成了一个超生物？生命的一个自我调节系统整体上是不是叫做盖娅？坚持使用超生物来描述关于行星和谐的概念，是否听起来舒服但却没有科学根据？

　　盖娅假说并不像许多人所说的那样："地球整体上是一个生物。"只是从生物学的角度出发，认为地球有一个承受复杂的生理学过程的身体。生命是一种行星层次上的现象，而地球表面的生命史已经至少持续了 30 亿年之久。对我来说，人类打算站出来对充满生机的地球负责是可笑的——是一种无力的诡辩。这个行星在关照我们，而不是我们关照它。我们自我膨胀的道德，命令我们去引导一个任性的地球，或者促使我们去治愈我们这个染病的行星，这正是我们人类巨大无边的错觉的证明。我们还是应当从自我出发来保护我们自己。

　　1996 年会议的中心人物是詹姆斯·洛夫洛克，盖娅学说的提出者。在 20 世纪 70 年代早期，洛夫洛克就第一次提出：生命的总体为了自己的需要而优化环境。在美丽的英格兰南部郊区的一次散步中，小说《蝇王》的作者威廉·戈尔丁建议洛夫洛克采用古希腊神话中大地母亲——"盖娅"（Gaia）一词，作为他学说之名，"盖娅"原来就是许多科学词

汇的词根。洛夫洛克及其助手建立了一个叫做"雏菊世界"的生物共生的计划模型。他们假设了一个行星，上面只有白色与黑色的雏菊。这个行星暴露在一个恒星——以太阳为模型——的辐射之下长达百万年以上。不附加其他假设，没有性也没有进化，更没有神秘的行星意识的假定，尽管有日渐变热的太阳，"雏菊世界"的雏菊仍将使它们居住的世界变凉。

"雏菊世界"成为盖娅学说的转折点。英国德文郡施马赫尔学院的斯蒂芬·哈丁教授，用23种不同颜色品种的雏菊花、吃雏菊的食草动物和吃食草动物的肉食动物建立了一个"多雏菊世界"模型系列。这些模型中，在对某一特殊物种有利的因素和对作为一个整体的行星有利的因素之间不存在任何关系。某个生物群体的生长可能导致它本身的崩溃。出现的是自然选择和全球温度调节之间的重叠关系的数学轮廓。全球温度调节是盖娅行为的一个典型例证。哈丁的模型系列表明：生存行为的不同造成甚至直接导致全球规模的后果。生物学家开始不那么拒绝盖娅学说了。温度调节不只是"雏菊世界"才有，而是生命的个体和群体都有的生理学功能。哺乳动物、金枪鱼、臭菘和蜜蜂都能把它们的温度调整在不超过几度的范围。植物细胞和住在蜂房里的蜜蜂是怎样"知道"又怎样去维持温度呢？不论答案的主要内容是什么，金枪鱼、臭菘、蜜蜂和老鼠细胞都显示同一类普遍存在于地球上的生理调节系统。

盖娅，在她的整个共生发源的光芒中，天生具有扩张性。她美妙精巧、长生不老而且坚韧异常。星球撞击、核爆炸都不能危及作为一个整体的盖娅。至今我们人类用来证明自己是主宰的惟一手段就是扩张。我们仍然停留在厚颜、愚蠢和新来者的状态，即使我们已变得数量庞大。我们的强大只是一种错觉。我们有智慧和规则来阻止我们无限制生长的趋势吗？地球不会允许我们的种群持续扩张的。群体生长失控的细菌、蝗虫、蟑螂、老鼠和草总是要崩溃的。它们自身的废物堆积，以及严重的食物短缺会接踵而至。疾病，作为机会主义的同盟军会扩大"他者"

的种群。它们从其破坏性的行为和群体的瓦解中找到了提示。即使是食草动物，如果到了绝望的时候，也会变成凶狠的食肉者，甚至互相吞食。母牛可能攻击兔子或吃掉她自己的小牛。许多饥饿的幼年哺乳动物，会争相吞食它们发育不全的小同伴。群体的过度生长导致紧张局势的出现，紧张局势又抑制群体的生长。这也是盖娅控制循环的一个例子。

我们人类正像我们的地球伙伴一样。我们不会将自然推向末路，我们只会给自己带来危险。我们能毁灭一切生命，包括原子能工厂水塔里或沸腾的热管道中旺盛的细菌的观点是荒谬的。我听到我们的非人类弟兄在窃笑："在遇到你们之前，没有你们我活得很好；现在没有你们我照样活得很好。"它们关于我们的歌唱得很和谐。微生物、鲸、昆虫、种子植物和鸟类，它们中的大多数仍然在歌唱。热带森林中的树木在自我低吟，它们在等待我们完成我们傲慢的采伐以便回到它们往常的生长中去。在我们走开之后很久，它们仍将继续它们刺耳但又和谐的吟唱。

（易　凡　译）

可可西里的碑与火

梁从诫

一

1999年5月23日清晨四时，车子穿过夜幕从格尔木向可可西里进发。四周伸手不见五指，初到昆仑的我也不知外面是山、是谷，还是水。直到天色渐白，才隐隐见着那一望无垠的莽原，中间一条公路，直通天际。过去曾多次出入云贵高原，海拔不过2000米上下，却是山高谷深，车在山头盘桓，窗外云山雾罩、"下临无地"，一条条弯弯曲曲的河川在谷底奔流，看着叫人心悸。这里离天这么近，却一马平川，才突然明白高原的"原"字是什么意思。荒野，灰暗、粗犷、寂寞，似乎没有一点生气。雄伟，却显得单调。但天色再亮些，无意间却发现一片片紫色，雾一般淡淡地缀在莽原中间，竟是一些不知名的小花！"野驴！"谁的一声惊呼，吸引了大家的目光——远处山岗边，两只藏野驴头也不回地在吃草，全然不把这山下往来奔驰的汽车放在眼里。荒野自有荒野的生机。大惊小怪的只是我们这些有眼不识"泰山"的城里人！海拔已超过了4500米，过了昆仑山口，就进入可可西里了。

可可西里，五年前我还从来没听说过这个名字，这几年却与之结下了不解之缘，几乎到了魂牵梦萦的程度——多少次陪着杨欣、扎巴多杰

在北京给大学生讲演，讲她的美丽、她的噩运，号召人们为救助她捐款。今天，我们几乎是带着朝圣的心情来到这里——这儿不仅曾是藏羚羊、野牦牛等高原野生动物神话般的家园，而且是索南达杰、扎巴多杰战斗过的地方，是我们这些远在北京的"自然之友"们一心想保护、想留住她蛮荒之美的地方。她已成了一个战斗的象征。如果英雄们为之流过血的地方最终仍是盗猎分子横行，藏羚羊最终仍归于灭绝，我们将何以向世人交待，向后人交待，向先烈交待？昆仑山口，标高——4767。对于常在青藏高原上跑的人来说，根本算不了什么，却是我和方晶老两口生平到过的最高海拔。向索南达杰纪念碑献上一条哈达，代表着全体自然之友的一片真情。这位五年前在太阳湖畔用最后一滴血捍卫着可可西里，捍卫着藏羚羊的干部生前曾经说过：他的事业需要有人牺牲。而历史已经证明，他重于昆仑的死唤醒了万千中华儿女，其中也包括我们这两位老人，成了他事业无怨无悔的继承者。或许，每一位途经这碑下的过客都该想一想，究竟什么叫"生命的价值"。

二

再走 140 千米，车子开进了索南达杰自然保护站。今天居然能直接来到它的面前，真有一种异样的感觉，一种赢得挑战的感觉。虽然脚下越来越像是踩着棉花，但毕竟"味道好极了"。跟上来的野牦牛队的大卡车把他们去年年底以来缴获的 373 张藏羚羊皮和几张沙狐皮拉来堆放到保护站前空地上。队员们往皮子上泼汽油，点火即将开始。我们——自然之友们和国际爱护动物基金（IFAW）的葛芮，从北京不远千里赶到这里，就是为了这一刻。野牦牛队的梁银权书记、葛芮和我各持一根火炬，"一、二、三！"同时抛向皮堆，刹那间一团烈焰腾空而起，价值几十万元的藏羚羊皮顷刻被熊熊大火吞没！记者们的镜头、话筒及时地记录下这激动人心的一瞬。

　　"有人说这是在烧钱，您怎么看这次销毁藏羚羊皮的行动？"记者的话筒突然伸向了我。

　　"哦！"对于这突如其来的不是问题的问题，我愣住了。

　　"是的，可以说这确是在烧钱。但这是以盗猎国家一级保护动物换来的'钱'，是以破坏可可西里生态环境换来的'钱'，是完全非法的不义之财。不烧掉这些皮子，一旦让它们进入了非法市场，就堵不住这条伤天害理的生财之道，就没法向全国、全世界证明——中国政府和中国人民坚决不允许受国际非法贸易驱动的盗猎活动在中国的土地上横行！"

　　回到北京，见晚报上有人批评说，这么贵重的皮子不应该烧，应该由国家来卖。真是奇谈怪论！我国法律规定：藏羚羊为一级保护动物，任何猎杀或买卖与之有关的物品的行为都要受到法律制裁。

　　难道国家应该自己带头违法？国家卖藏羚羊皮，客观上岂不成了盗猎活动的同谋？

三

　　几年来，凡是深入报道过藏羚羊问题的传媒界朋友，先后不下十几人，都在异口同声地赞扬野牦牛队，这绝非偶然。因为多年来这是可可西里惟一的一支反盗猎武装。熟悉我国基层情况的朋友们，你们曾接触过像野牦牛队这样的一支执法队伍吗？曾想像过在今天的社会中能够存在着这样一支队伍吗？当我第一眼看到这些脸色黝黑、衣着俭朴、目光热烈却又不善言词的藏族小伙子时，就确信一切都是真的，相信这就是顶着社会上的压力，吃着糠和草，却无悔地挤着自己鲜血的人们。这时不知是谁喊了一声"咱们唱吧！"出乎我们的预料，这些藏族小伙子突然扬起头，竟带着眼泪齐声高唱了起来，一首接一首，全是"扎书记生前最爱的歌"！他们不愧是天生的歌手，粗犷的男声齐唱，高亢、深沉、饱含感情。我生平从未在任何场合被一种歌声如此强烈地震撼过！作为

一种社会现象，野牦牛队与人们所憎恶的公务员队伍中那种十分普遍的怠惰、低效以至腐败之风形成鲜明反差。这支队伍是扎书记前几年从社会上招来的一支"杂牌军"，其中一些人原来甚至可称之为"社会闲散人员"，个别人生活中还有过遗憾的经历。但是在索书记、扎书记的教育、感召下，他们找到了生活的目标和事业的价值，找到了精神的寄托；在保卫可可西里的艰苦斗争中，逐渐锻炼成了这样一支特别能吃苦、特别能战斗、特别有献身精神的队伍。这次我们无意中亲眼看到了他们那种"啃冷馍、喝雪水、干咽方便面"的巡逻生活，看到了他们争着进山，只好用"猜崩猜"的方式决定谁去谁留的感人场面。从培养人的角度说，这本身就是一件了不起的成就，社会本来应当特别爱护和支持他们。然而令人不解的却是，野牦牛队几年来竟处处受到冷遇、排挤、压制甚至诬陷。扎书记的突然去世，更使他们陷于灾难性的困境。自然之友和IFAW及时伸出的声援之手使悲痛中的队员们第一次尝到社会的温暖和友爱，使他们真正相信：为人民做了好事的人，人民是不会忘记的。而他们的第一个回应，就是进山加强巡逻。

"哀兵必胜"，扎书记去世后，他们巡逻的次数比以往更勤，战果比以往更大。然而，他们和我们一样明白，这支"灰姑娘"队伍很难有什么前途。我想这就是为什么他们的歌声豪放中透出悲凉，而令人泫然的缘故。

我们要离开格尔木了。车窗里，困惑的思绪挥之不去：可可西里、藏羚羊、野牦牛队啊，我们深爱着你们，我们还能为你们做什么呢？

请全我志

黄宗英

一

摄制组紧张准备西行，挺进罗布泊。

《望长城》组总制片郭宝祥同志和我恳谈："和于台长研究了，为关心你的身体，又是这样年纪了，是否考虑不去罗布泊。将来航拍时可以在飞机上出现主持人形象。"

我动情地回答："让我去吧。我想，对一个知识分子最大的关心是全其志。我想去罗布泊。"

好友袁鹰以散文笔法说我是个"云里走、风里来、雨里去"的人。可我未能预卜今生今世能进罗布泊。记得若干年前，在乌鲁木齐，承新疆维吾尔族自治区有关方面信任，答应出拍摄费让我拍摄新疆——其中主要内容就有罗布泊。我多么多么渴望带队去拍摄，像我拍摄《小木屋》似的有计划、有目的地去冒险。可是我不敢接。罗布泊里没有路。自从1980年科学家彭加木同志在那儿失踪牺牲后，有关部门又立下单车不能进的规矩。那我得带几辆车多少人呢？我没有那么强的组织"野战部队"的指挥能力。我老了，果真能为艺术丧生荒漠，很美，值得。可摄制组里的年轻人是稀世的人才，对他们来说太可惜了。我没敢去。

我想去，那一片荒漠勾我的魂。

如今，我们集合于敦煌，整装待发。时间是 1990 年 9 月中旬。

1979 年我去过敦煌，当时敦煌县城只有一个招待所，是平房。我看见服务员拎着铁桶沿着木梯爬上房顶，往水箱里灌水——那就是客人用的"自来水"了。敦煌的水是从外地拉来的。两年后，敦煌来人告诉我，县招待所让一场大水冲了。而今的敦煌，发展得像个城市了。宾馆任我们挑选，不早接洽就人满为患。可紧张的也还是水。

我们有 4 辆新型越野车，6 辆军用大卡车——解放军干部战士共 17 名，协同我们作战，浩浩荡荡向渺无人烟的地理禁区挺进。唉，在 960 万平方千米的祖国大地上，究竟如何生发演化出来这一大片吓人又诱人的、叫人恨不够又爱不够的地方？

罗布泊，维语罗布淖尔，湖水的意思。主要有孔雀河水汇入湖中，而下游又称库鲁克河。罗布泊湖的蒙古语为罗布诺尔，意为"汇入多河之湖"，本是个大湖，有记载的面积为 3006 平方千米。

这里曾是古丝绸之路的中道，汉长城烽火台保护着丝绸之路的通畅。烽火台傍水建在高台地上。也起驿站作用，来往客商们在此歇脚、喝水、吃饭、饮牲口。

张骞出使西域时，这一带有 36 国。他曾向汉武帝奏曰：楼兰地沙卤，少田，国出玉，多葭苇、柽柳、胡桐、白草，民随畜牧逐水草，有驴马，多橐驼……

两千多年如一瞬。今天，我们要登上昔日丝绸之路的途程，指挥部却不得不下这样的命令：一切行动军事化。禁止刷牙。禁止洗脸。

二

行将干枯的芦苇做"头饰"，八一泉找到了。泉干了，井被沙土埋了，只留下一块碑石。战士们循着井口泉眼挖了很深很深，却没见湿

土。第二天战士们又在八一泉附近挖井，还凿了石碑——长城井。天傍黑了，不见半点希望，乃将"长城井"改凿为"长城干井"，标明这里没有水。

护送彭加木夫人的摄制小分队去了库尔库图克。奇怪的是：车到那儿就莫名其妙地坏了。摄像机好好的，可摄出的图像少了一种颜色。莫名其妙！

摄制组全体（除了我）以顽强的毅力跋涉"攻占"古楼兰城。他们只随身带着一瓶矿泉水，清早走的，半夜返回营地。导演魏斌和摄像小谭，夜宿楼兰城的断坦残壁间。邓晓辉不顾劳累，带周仁发和塔蜂去给他们送水、食物、睡袋……

我们居然发现了一头野骆驼，一通猛追，珍稀罕见的野骆驼淌着汗站在我的面前。伙伴们担心它踢我，我担心已经追伤了它。我对它说："谢谢你来参加我们的拍摄。你走吧，回到你的爸爸妈妈那里去，回到你的伙伴们那里去。"它渐去渐远，又以它那特殊的步伐跑了起来。这匹野骆驼是我们深入罗布泊地区后遇上的惟一的动物。从全世界来说，野骆驼也已经不多。

走不完的沙漠、戈壁，我身系保险带在汽车前座上靠着。十多天了，平均每天八小时以上乘车在荒原上晃荡，也委实疲累了。

"老太太，你看见什么没有？"小谭在我身后问话。我敏感到小谭的摄像机已经举起，张文华的炮筒似的话筒已伸向车窗外。我悄悄按下腰间无线话筒的按钮。

"停车，停车。"我轻轻嘱咐小塔，小塔驾车像冲浪板在浪窝里减速、定格。

我们庄严地走向拍摄物。

"10号车，10号车，为什么停车？跟上来！"前车下命令。

"别吵，"小塔答话，"在拍摄，进罗布泊以来的第一棵树。"

这是一棵枯了的幼树，树杈上还有一个干苇叶搭的鸟巢。树死了，

鸟飞了。我想找一片枯叶拿回去，让我的朋友认一认是什么树。如果它是胡杨的幼树，叶子应该是长长的……

没有一片树叶。已经是第18天了，我们没看见一片绿的树叶、一只活的鸟。

我们曾经看到一汪水。亮晶晶的"雪"花护着它。我好高兴，赶快伸出手去，伙伴们拦着我："别，是碱水。""碱水我也要洗洗。"手从水里拿出来立刻泛碱刷白了。我舐了一下手指头，又苦又咸。

"别坐，别坐。螨虫咬人。"当我们停车发干粮时，有人嚷嚷。

"有螨虫吗?"

"满地爬的都是。"果然小喜蛛般的螨虫们在黑戈壁和黄沙土交错的地面上忙忙碌碌地奔走。

第一次看到昆虫了。生命就在近旁。我们走出罗布泊的时刻不远了。我们又进入一级拍摄准备。畜随水走，鱼随水生，人随水留。我们准备拍摄遇见的第一个罗布泊人——从荒原迁徙出去的罗布泊人，傍水捕鱼牧羊为生的罗布泊人的子孙。

18个日日夜夜，太阳和月亮把汉代的烽火台映照变形，使我们看到：罗布泊本身是一座生态危机鸣警的大烽火台，它点燃着大自然向人类征伐告急的烽火狼烟。

让 21 世纪成为相互理解的时代

沙希·塔鲁尔[*]

在纽约的世界贸易中心和华盛顿的五角大楼，2001 年 9 月 11 日发生了恐怖袭击之后，对美国来说它将不会轻易倒退到孤立主义。美国人现在对"世界乡村"这一陈词滥调有了发自内心深处的认识。在这个乡村遥远的一端的一座茅草屋，或布满沙尘的帐篷发生的一场火灾能够毁掉乡村另一端的摩天大楼的钢铁梁架。

这意味着 21 世纪将是一个过去从来没有过的"全世界"的世纪，人们会意识到，我们这个时代的灾难从实质和影响上来说都是全球性的，应对这些灾难也就成为全世界的责任，应该由我们所有人共同来承担。相互依存现在已经成为一个口号。

恐怖分子袭击的不仅仅是一个城市。他们对被他们袭击的建筑物中有来自世界各地 80 多个国家的无辜者失去生命所表现出的是铁石心肠，由此可以看出，正是这次对全人类的打击把我们所有人联系在一起。为了对这种袭击作出有效的反应，我们必须团结起来，同时出于全世界对这一恐怖行动的受害者所显示出的团结，完全可能出现一种打破国界的团结一致。这也将是一个标志，表明这个世纪将是一个不同于以往任何世纪的新世纪。

恐怖主义来源于对"其他人"的盲目仇恨，它同时又是三个因素的产物：害怕、愤怒和缺乏理解——总担心"其他人"可能会对自己干些

什么；对"其他人"对自己采取的行动感到愤慨；对于"其他人"的真实意图缺乏了解。这三个因素合在一起就点燃了不共戴天的怒火，导致屠杀和毁灭人类。

如果要对付并彻底消除恐怖主义，我们必须认真对待这三个因素中的任何一个，那就是消除造成他们产生这种心理的愚昧和无知。我们必须更好地促进相互了解，学会也像其他人看待我们那样看待我们自己，学会承认仇恨和解决造成仇恨的原因，学会消除恐惧，而最重要的就是要学会理解他人。

如果吸取了这一教训并能很好地加以运用，那么 21 世纪将会变成一个前所未有的相互理解的时代。世界会成为一个比任何时候都容易与陌生人打交道的世界，在这样的一个世界里，会比以往任何时候都更容易把素不相识的人看成与我们没有任何区别的人。

恐怖分子没能从这一角度看待他们的受害者：他们看到的只是目的，把这些受害者作为达到摧毁目的而不可缺少的工具。我们对他们惟一有效的回答必须是以一种挑战的姿态维护我们自己的人格——告诉他们，我们每个人，不管我们是谁，也不管我们在哪里，我们都有生存的权利，有爱的权利，有希望和梦想的权利，并热切希望出现一个任何人都能享有他自己权利的世界。

这将是一个正在与恐怖主义的根源作斗争的世界，而且还在与造成贫困、饥荒、文盲、疾病、非正义和人类不安全感的根源作斗争的世界，换句话说，在这样一个世界，恐怖分子将没有机会耀武扬威。

＊本文作者为联合国高级官员，著有新书《骚乱》。

二、环境忧思

环境的忧虑

[美] 洛德·霍夫曼

政治上的民主是一种社会的转变，它就像科学的物质转变（化学）那样不可逆转。需要提到这一点，因为，我今天在自己的职业态度中发现了某些思路，关于民主管理过程的思路。我似乎忘记了这些思路，而且我似乎对我这些思路产生了怀疑。

让我描绘一下现今在化学领域内流行的一些态度。我们说，我们当然很幸运，幸运在三个方面：一是在这个世界的物质现实方面，一是在我们的报酬方面（自然，我们对别人的回报是不够的），一是我们对社会的贡献方面。但在精神方面却不是这种情形了。我们得到的不是尊敬。我们受埋怨，说我们制造了"非自然物质"，说我们是污染者。我们被"化学恐惧症"包围着，对我们所做的事情无端地恐惧。这种恐惧也包围着我们。新闻媒介似乎也与我们作对。美国著名的女演员梅丽尔·斯特里普（Meryl Streep）竟以鉴定向国会证明苹果里可能有问题。我想用阿拉（Alar）的典故对化学和民主的问题作些讨论。梅丽尔·斯特里普是因为这个阿拉而走红的！

阿拉，或者丁酰肼（Daminozide），是一种植物生长调节剂。它是在苹果成熟过程中可合法使用的 20 多种化学物质之一。它能使苹果在树上保持的时间更长，结出更好的果实。只有很小一部分 Alar 被吸收入苹果，并转化为不对称的双甲基联胺（代号 UDMH）。苹果中 UD-

MH 的含量，不足以对人体产生生物学影响。一个"有识之士"的群众组织，国际资源保护协会，报道了 Alar 的使用，并大惊小怪地宣扬 UDMH 代替物的致癌性。已经引起超市关注的、用 Alar 处理的苹果从售货架上取下，不管这种宣传是真是假。甚至生产阿拉的联合皇家化学（Uniroyal－Chemical）公司，被禁止出售荷尔蒙。

许多化学家指责那些"有识之士"患了化学恐惧症。我的反应不是这样，作为一个化学家和一个活生生的人，我最初的反应是："啊，我不知道苹果里还会有合成的化学物质！"我不知道苹果里有 Alar。确切地说，我知道，苹果要经过肥料、除草剂、杀虫剂、催熟剂的处理。从孩提时代，我就知道吃水果要先去泥。多少年之后，洗水果的真正原因，是为了除去化学残余物。只有我一个人才这样感觉吗？我以为不是，我不知道，或许是我不想知道，其中发生了什么，或者还有什么东西没有分解掉。我不知道是什么残留在水果中，如 UDMH。不知道它的含量，不知道它对人体的影响。我不喜欢那样，我的意思是我不喜欢那种处于无知的感觉。我是哥伦比亚大学的学士，哈佛大学的博士，甚至可以说我还是个好的化学家，可是我不知道苹果里有什么。甚至当我听说苹果里有什么阿拉的时候，我都不知道那是什么。我对我的无知很不高兴。我生气，苹果生产者施用这样的化学物质，而且还不让我们知道。更为遗憾的是，我所受的教育中，也没有人教我这方面的知识。

我们不知道，别人会知道，我们应当相信，别人会担保我们的健康。采取这样的观点是天真的，不科学的，不民主的。为什么不民主，是因为我们有知道的权利。更重要的是，作为公民，特别是作为受过学位教育的公民，我们有责任知道。如果连化学家都不知道这些，那么还有谁会知道呢？

要从历史和人性角度判断是否是纯朴无邪。大多数制造者和商人都致力于他们产品的安全性。他们的名誉依靠他们的小心谨慎。但也有相反的例子。例如从圣经中讲的故事到橺木果婴儿食品的丑闻，再到纽约

附近水路上的药丸，都是欺骗与罪恶的见证。

只要别人知道就可以了。这种想法不科学。怎么办？要自己去分析，去检验，不要只相信标签。

我想回到对环境主义者的态度上来。有些化学家认为，那些环境主义者的恐惧是不合理的。简单的心理学告诉我们，除了理智和能动性，甚至在它们之前，就出现了同情心，这是对任何恐惧的一种反应和缓解。朋友，化学家朋友，如果有人向你表露对环境中化学物质的担忧，你不要铁石心肠，摆出一副科学分析的姿态。敞开你的心扉，想一想，你的一个孩子从被汽车轧过的噩梦中惊醒的情形。你不是也会这样安慰他或她："不要怕，你要是被狗咬了不是更危险吗？"

环境主义者不是孩子。这两个世纪是化学世纪。在这两个世纪内，科学和技术改造了世界。有很充分的理由认为，我们给这个世界带来的东西，有一种危险性，会使这个星球的大循环发生本质的变化。我猜想，由哈伯－波什过程固定的氮，其数量与生物固定的氮不相上下。这一成就来自化学的智慧。这些变薄的完成，在地质学上，只是一眨眼的功夫。大地女神盖娅（Gaia）或许有一种回天之力来处理我们所做的一切变化，然而这些变化所产生的后果，人类自身都可能束手无策。

我们已经看到了，我们的发明带来了什么样的后果，大气臭氧层变薄，水污染、水变酸，苹果上的残药，塑像在空气中被粉蚀。这些塑像都是人类历史、文化的遗产。看到这些，你就不难理解米开朗基罗的杰作"大卫"的原件，为什么要从佛罗伦萨的德拉·希格诺里广场迁走了。我们有充分正当的理由去唤醒我们之中的环境主义者。

（李荣生　译）

混凝土森林

沈孝辉

如果说森林中的高大乔木为争夺阳光而竞相向高处生长，那么现代城市建筑则为了取得更大的空间也在争先恐后地往空中发展。美国西部的红杉树是世界上最大的生物个体，比起人类的混凝土大树来却逊色多了！

纽约的帝国大厦以 102 层高 381 米曾雄踞世界最高楼纪录 42 年之久，1973 年被两栋方型建筑——世界贸易中心超过，后者 110 层，高 411 米。世界贸易中心的骄傲只保持了一年，芝加哥的西尔斯大厦很快以 422 米的高度后来居上。但西尔斯大厦也好景不长，面对大洋彼岸的英国 130 层 557 米的利物浦大厦不得不俯首称臣。目前世界上最高的楼房是 210 层 760 米的芝加哥市场大厦。建筑物的高度正在变成一种城市的标志和社会地位的象征。

现代科技和工业的发展为城市建设"上天"开辟了广阔的途径。以 19 世纪末发明电梯为起点的这场摩天大楼的竞赛，可谓高潮迭起。20 世纪 80 年代，高楼热劲吹对外敞开大门的中国大江南北。44 层 153 米的上海锦江大酒店，52 层 183.5 米的北京京城大厦，50 层 186 米的深圳国际贸易中心……相继拔地而起，追赶世界潮流。目前，人类正在向高楼的 4 位数进军。英国已设计出 850 层，高 3200 米，可容纳 50 万人的泰山般的庞然大物。

　　以空调系统和玻璃幕墙相结合的封闭性楼房，领导了现代城市建筑的新潮流。各国各城市趋之若鹜，竞相效仿。一幢大厦几乎集中了过去一座城市的全部功能。饮食、购物、通讯、娱乐以及其他服务应有尽有。足不出户便能随心所欲。人们不再接触雨雪风霜，也不必关心外部世界的寒暑冷暖。空气是经过过滤和调湿调温的，照明是人工光源。然而人类在数百万年的进化途中建立起来的与大自然相协调的生理平衡与心理平衡却被突然打破了。人犹如自我囚禁在容器中的白鼠，不仅常见的神经官能症、心血管病、胃溃疡等等"文明病"明显增加，莫名其妙的"高楼综合症"也应运而生。有人认为，城市文明是对人类自然天性的摧残。

　　好莱坞的灾难片《摩天大楼失火记》中虚构的故事，不断地再现于城市生活中，城市居民开始对混凝土"大树"和"森林"产生许许多多的忧思。这些用水泥、钢材和玻璃构筑的楼群究竟安全可靠到什么程度？能够经受住天灾人祸的各种考验吗？

哀后院的消失

[加拿大] 斯蒂芬·里柯克

"我们刚刚找到一所可爱的公寓套房，"我的年轻朋友范莱特太太说，"约翰和我对它完全着了迷。真是太漂亮啦。"

"你们着了迷？是吗？它真那么令人着迷？"我回答说。

"套房里简直应有尽有，"这位年轻太太接着说，"暖气、灯光等等自然齐备，而且还有个利用蒸汽什么的开动的制冰设备。这么一来以后就再也用不着去买冰啦。"

"听起来蛮好。"我说。

"可不是嘛！套房里还有一种高级洗碟机，墙上随手可以摘下来的熨板，一个自动焚烧垃圾的地方。真是要什么有什么。"

"你怎样从套房里走到后院去呢？"我问。

"后院？"

"对呀！是怎样通后院的？你们是走下楼梯呢，还是乘电梯？"

"哦。根本没有什么后院。我们要后院干什么用？"

"你们有接雨水的水桶吗？"我还是一个劲儿地问。

"当然没有。"

"可假若你们想接点儿软水用，怎么办？难道你们就没有垃圾堆？你们的衣裳晾在哪儿？垃圾怎么处理法儿？"

"这些事我想就统统包给楼里的听差啦。衣服自然就用新式的喷水

办法弄干。"

"孩子们在哪儿玩耍?"

"孩子们,"范莱特太太说,"公寓里自然设有公用游戏室,里边有机器摇木马,铺着人造橡胶草坪。真是好极啦。"

"噢。"我说,"那么你们就不再需要后院了。"

"我们从来也没想到过后院。"

听完这话,我就无限惆怅地向她告别了。因为我领悟到随着我们所生活的这个迅速变化的时代的前进,又一种伟大的社会革命悄悄地产生了——后院的消失。

旁人曾为标志着时代变迁的这个或那个的消失而表示哀伤。有人为马车、帆船、西部以及三楼后面空地的消失而掉泪。

让我来往后院的垃圾上——不,往垃圾里掉一滴泪吧。随着现代化套房、林阴马路和新式卫生设备的兴起,幽静的生活那美好的小天地正在从我们的城市中消失殆尽。

作为一份有价值的历史记录,听我来描述一下以往的后院是个什么样子吧。也许我不如把它写成百年之后准会列入《社会百科全书》的一个词条,就会更中肯一些. 请看:

后院(古英语作 Bugge Yearde;法语作 Yarde de Derriere;意大利语作 Yardo di Bacco)系指十九世纪住房后边一块不规则的、成直角的平行四边形空地。周围是供猫坐的木栅栏。

沿着后院的栅栏脚下延伸着一片花坛,里边的花统统凋谢,上面掉满了碎石半砖以及其他无机垃圾。这些物件当中丛生着牛蒡,帮助保持了家庭"花坛"的名分。据说每年春天时常可看到后院的主人使劲地刨着牛蒡根部,想把它恢复成"花坛"。

这时候人们通常栽上大丽花的根茎、唐菖蒲的球根以及郁金香。五月底,该刨该种的全完了,然而除了牛蒡,什么也没长出来过。

后院往往有一棵树,丫杈大多已干干脆脆地锯掉。据说那是一棵苹

果树。这树原是爬着玩、拴晾衣绳或捉猫等用的。每年到树叶长得最茂盛的季节，只要找到一个适当的天文角度，使阳光部分地被遮住，放上一把破椅子，就会明确地获得坐在树阴下面的感觉。

接雨水的桶（罗马人最早引进的）及垃圾桶（查理曼引进的）是后院常见的特征。

后院主要的居民是儿童们。在19世纪的大城市里，儿童还很多。说实在的，人们认为公寓时代《反儿童法令》之颁布大大有助于消灭城市中的儿童。

儿童们把后院当做用途很广的体育场，踢足球、打高尔夫球、玩曲棍球或滚木球。根据当时的不成文法，儿童被公认为享有雨水桶、垃圾堆和苹果树的使用权。还有个美妙的习俗：允许孩子们把垃圾堆上的煤灰抹在脸上。他们在后院不论捡到什么，都可以作为地财。孩子们在后院的活动还得到狗的协助，这种动物现已消失。

据说，后院的消失曾给城市中剩余的儿童带来一种奇特的孤独感。甚至还有一种传闻：往昔曾经在现已消失的后院玩耍过的幼童，他们的灵魂还萦绕着代替了他们当年的游戏场的摩天大楼的房间不散。不过，这多半不确切。他们的灵魂现时更接近天空一些。

暖流中的挣扎

〔美〕T. 利文森

　　每当渔汛期，秘鲁培侬达海面上，成群的海鸥就成为驶向渔场的拖网渔船的免费乘客。喧闹的海鸥落在帆索上，等待着水手们起动大网，捕捞起几吨鳀鱼，它们便俯冲下来争享捕获物。往年，大量的小银鱼足以令人和鸟皆大欢喜。但是，自 1982 年 11 月以来，海鸥不得不靠城镇的垃圾充饥，而秘鲁人也日益贫困。因为当"厄尔尼诺"（EI Niño 西语"耶稣之子"）西太平洋的暖水流到达秘鲁海岸时，鳀鱼便大量死亡。

　　生物学家发现，由于海洋暖水流从 1983 年春季持续到初夏，致使鳀鱼大量死亡，这是严重生态紊乱的前兆。其范围从智利到南阿拉斯加并向西远及中太平洋。

　　一些海洋哺乳动物也同遭其难。生长在加利福尼亚的幼海象死于冬季风暴。1983 年春季，由于鱼群在戈拉帕格斯岛的近水域消失，致使幼海狗死于饥饿。

　　"厄尔尼诺"现象出现于 1982 年夏季。当东来的信风到达之后，信风将太平洋的表层水推击到海洋西部边缘的一个隆起处，并在那里使其加温。信风过后，暖水流沿赤道汹涌东回。1982～1983 年"厄尔尼诺"现象出现期间，暖水流到达南美和中美海岸的时间是 1982 年 9 月下旬，并在 1983 年 4 月前将表层水温升高达 18℉（−11℃）。冬季，暖水流穿过温带并向南北扩散，引起南北美洲气候剧变。

　　海洋内部受其影响更为严重。据巴勒说："当'厄尔尼诺'改变太平洋海水的结构和密度时，各种事物也随之改变。"他指出，秘鲁正是遭受了典型"厄尔尼诺"现象的袭击。秘鲁沿海地区的富足依赖于来自海水底层的富有营养物质的冷水流（营养物质来自较深地沉入海里的有机物质的分解）。冷水流为表层水补充了由海洋生物消耗的营养物质，但"厄尔尼诺"现象使表层暖水层的深度增加了，因此，尽管沿海水域依然存在着营养丰富的冷水流，但升到表层的水却一般来自缺乏营养的暖水层。

　　海水中的微小植物叫做浮游生物，它们以表层水中的营养物质为生，大多数海洋生物食物链又以浮游生物为基础。据调查，1982～1983年"厄尔尼诺"现象发生期间，秘鲁海面的浮游生物下降到小于正常数量的 5%。

　　渔业首当其冲受到影响。一种深水鱼——狗鳕，追随着下沉的海洋冷水层，结果很快脱离了渔网的网深。侵袭的暖水流将浅水鱼及沙丁鱼和杰克鲐鱼驱赶到狭窄的富含浮游生物的沿海冷水带。当冷水带消失后，鱼类便断了食物来源，大部分饿死。1月之前杰克鲐鱼已捕尽，4月，沙丁鱼的捕获量也锐减至零。

　　这些鱼类的消失，导致依赖它们生存的生物被迫迁移。通常在秘鲁筑巢的瓜尼鸬鹚和秘鲁鲣鸟远移至巴拿马湾以北，企鹅和海豹南游到智利。巴拿马市史密森热带研究所的一位鸟类学家 N. 史密斯说，它们"徘徊着四处张望，好像在等待着什么"。

　　对生物来说，"厄尔尼诺"现象带来的不幸并不一定意味着灾难。加利福尼亚州拉霍亚市国家海洋渔业机构的生物学家 P. 史密斯说："生物群体都有恢复的能力。这是一个正常事件——在整个历史过程中，所有生物都经历过'厄尔尼诺'现象。"

　　处于食物链上部的鱼类、鸟类和哺乳类动物，在繁殖期虽然产仔较少，但它们的生命却较长。"厄尔尼诺"现象出现期间，它们的数量变

化较小。当条件变得恶劣时，它们能停止繁殖一年，以便努力坚持到情况好转。某些生物，比如到巴拿马避难的秘鲁鲣鸟，在"厄尔尼诺"现象出现的初期就停止繁殖。史密斯解释说："在繁殖期内，这种鸟有两次需要比平时较多的食物。一次是它们产卵时，另一次是给雏鸟喂食。开始产卵时，鲣鸟捕捉了足够的鱼，但在它们预感到境况将变得恶劣到不足以喂养雏鸟时，它们就停止孵卵。"

一些地区，饥饿的威胁变得如此严重，以致于某些海洋哺乳动物——对它们来说一只幼仔就是一笔巨大而极度谨慎的投资——也屈服了。在戈拉帕格斯群岛，以食鱼为生的海狗妈妈，在无鱼水域已不能喂养它们的宝宝，终于因饥饿离弃了它们。火奴鲁鲁以南的 1931 千米的圣诞岛上，庞大的鸟群弃卵抛雏，遗巢而走。

抛弃一代子女可能是一种孤注一掷的冒险。当另一种威胁与"厄尔尼诺"现象同时出现时，某些生物可能因双重灾难而导致长期衰落。另一种威胁就是人。巴拿马市史密森热带研究站的 P. 格里恩发现，巴拿马沿海 10360 平方千米之内，60%～90% 的造礁珊瑚在最近出现的"厄尔尼诺"现象期间死亡。但造礁珊瑚可以在海洋温度接近或达到最高点时生存，因此格里恩认为从中美洲流入海洋的除莠剂是毁灭造礁珊瑚的因素之一。格里恩和他的同事曾发现，除莠剂对造礁珊瑚有严重的伤害。他报道，当除莠剂与奄奄一息的造礁珊瑚接触时，可能产生致命的效果。

秘鲁沿海，人类的破坏作用更为直接。在 1982 年出现"厄尔尼诺"现象之前，秘鲁渔民每年捕 1200 万～1300 万吨鳀鱼；而在其后，鳀鱼的数量未能复原，每年产量不到 200 万吨，按照巴勒的理论，其原因在于过度捕捞。

鳀鱼为寻觅适于食用的浮游生物而离开惯于生息的水域，同时也就脱离了某些以它们为生的食肉动物区，因此导致加州南部阿纳卡巴岛上加利福尼亚棕鹈鹕的生存成了问题。因为在繁殖季节的后期生蛋的棕鹈

鹏直至6月才能喂养它们的雏鸟。但正当小鹈鹕刚会飞时，大鸟就抛弃了它们。加州大学戴维斯分校的一位生物学家 F. 格里斯写道："如果鳗鱼发生了什么不幸，鹈鹕的生活就变得艰难。它们食物篮子的'底'破了，结果使得许多小鹈鹕挨饿。"

由于"厄尔尼诺"现象的影响，向北远至阿拉斯加的海洋温度全部紊乱。沿着冷水区与热水区边界捕食的鲱鱼和烛光鱼，向它们所能觅食的地方分散。其结果是鸟类遭了殃。D. 弗鲁哈蒂在华盛顿大学关于"厄尔尼诺"现象研究专题报告中写道，簇毛海鹦、海鸥和鹈鹕已处于繁殖不良期。

在温带和热带水域，虽然"厄尔尼诺"现象所散布的几乎全部是灾难，但也有的生物却为之得福而兴旺起来。刚从戈拉帕格斯群岛达尔文研究站回来的 Y. 鲁宾发现，一种喜欢在温暖、潮湿的条件下生活的生物——小火蚁，因"厄尔尼诺"现象为戈拉帕格斯群岛的圣诞岛的干旱洼地所带来的大雨而欣喜若狂，它们以比前一时期快10倍的速度扩张新领地。同样，戈拉帕格斯群岛上的鸣禽类以非同寻常的高速率繁殖，它们喜爱岛上出现的那几样茂盛生长着的植物和大量的昆虫。而原来，那不过是些半沙漠地区。

当这次"厄尔尼诺"现象结束后，戈拉帕格斯群岛及所有受其影响的地区，在某些方面能够恢复原状。据秘鲁报道，最近，恢复似乎已经开始。小鱼将会很快重新兴旺起来。而繁殖较慢的生物则还需几年的时间。巴勒指出1982～1983年期间"厄尔尼诺"现象持续出现的影响所留下的经验是，"今年所发生的一切表明，海洋生物是多么严密地保持着平衡。"返回的狗鳕对渔民和捕鱼鸟会是一个福音。

不怨太阳怨人类

赵鑫珊

我们的地球正在以比过去任何时候都要快的速度炎热起来。

不思虑温室效应将会扰乱全球气候的人，他就不配做一个当代哲学家。

这些年，我算是怕过南方的夏天了。说得具体点，我是怕太阳这个火炉。先前，我怎么也想不出该把太阳比作什么东西才最恰当，现在我终于想到用"火炉"来形容太阳。

过去，我在北方，冬天在屋子里生了个炉子，当火炉烧得很旺很旺的时候，我靠近它，就有灼热的感觉；再靠近点，手和脸就会烤焦。若是离它远点，只是感觉很暖。要是离它 20 米，就感觉不到炉子的热辐射了。

若离炉子 3 千米，那它的热辐射几乎就等于零。假如有这样一个火炉，我们离开它有 1 亿多千米，我们依旧会感到它辐射出的热浪袭人，使我们汗流浃背，我们便不难推测并想像：这个炉子该有多大，它里面的煤该有多足，烧得有多旺啊！——这个大火炉正是我们的太阳！太阳离地球正好是 100000000 多千米。

如果不往火炉里添煤，炉子的热量便会渐渐减少，直至完全变冷。那么，为什么太阳年年都是这么热呢？它燃烧的东西究竟是什么？

于是引出了关于太阳能量来源的问题。

对于人类，这无疑是一个生死攸关的大问题。因为太阳活动的变化会影响我们的天气。预测太阳活动，同预测地球气候变化趋势有着密切关系，若是太阳活动趋向低潮，那么，地球便会悄悄进入小冰期，严冬又冷又长。

"是的，太阳输出的热能变化决定了人类的命运。今天，我们仍旧有理由把太阳看成神，看成上帝。其他的一切泥菩萨，都是迷信！"——我这样自言自语，这样遐想，也就不觉得酷热难熬了。也许，科学家从事科学研究有两大心理动力：满足自己的好奇心；使人生可以忍受下去。

不论是月光还是阳光，都叫我联想翩翩，思想活跃。

在月光底下，我有点像诗人或诗人哲学家。

在阳光底下，我又有点像科学家。因为阳光底下的一切都是现实的。

月光和阳光有个重大区别：自古到今，没有人会抱怨月光，而阳光则会引起人们的抱怨。当太阳这个火炉烧得太旺，辐射出来的热能太多，或者相反，当炉子里的火懒洋洋，地球被少见的暴风雪猛袭的时候。

20世纪80年代是上世纪最温暖的10年。但是我们不该抱怨太阳。

文学艺术家错误地把世界的炎热归咎于太阳这个火炉，而自然哲学家则正确地把罪过归结为人自身的活动——搬起石头砸自己的脚。

自然哲学家要强调的是：作为一个火炉，太阳辐射不能减少。五六百年前因为有过一回减少，因而引发了具有巨大破坏作用的14世纪的小冰期，它一直延续到1700年。

至于全球石化燃料燃烧产生的二氧化碳所造成的温室效应，它能改变土壤的发展条件，所以对世界经济的影响是巨大的。别的不说，蒸发量的增加便会导致大面积的土壤干旱。况且温室效应将以无法预测的方式破坏全球海洋的环境，尤其是当 CO_2 的聚集量达到工业社会时期前

的两倍时。

于是在一种深深的忧虑中，我又要重复我的有关"人的幸福总量是守恒的"这一原理：

夏夜，洗完澡后，穿着一领薄薄的夏布衫，摇着一把芭蕉扇，拎着竹椅去天井纳凉，听外婆讲故事，或抬头仰望星空的神秘闪烁……

40年后，这幅童年的情景一旦落入回忆的深井，泛起来的泡沫就会呈现出迷人的色彩。

要是你自小在空调设施下长大，那么你日后童年的回忆就可能没有许多浪漫的色彩了。

这是造物主的平衡，也是他的公正。

女娲补天

朱毅麟

很久很久以前，水神共工和火神祝融，为了争当领袖，大战了一场。结果，共工被打败了。他宁死不屈，一头撞在西北的不周山上，把山撞倒了。那不周山原来是撑天的柱子，这一倒，天就塌下来一块，出了一个大窟窿。天河里的水就顺着窟窿哗哗地倾泻下来，淹没了田地、庄稼、牲畜和房屋。

人类处在水深火热之中。女娲——传说是造人之神，看到她的儿女们遭到如此巨大的灾难，心里万分难过，就率领人类与洪水作斗争。水是从天的窟窿里流下来的，所以要设法堵住天的漏洞。女娲四处奔波，采集了红、黄、蓝、白、黑五种颜色的石子，烧了9天9夜，熔成五色岩浆，灌进漏洞，补好了天的窟窿。

上古的时候，人们不知道暴雨的起因，不了解雨季来临和山洪暴发的规律，在暴雨和洪水面前束手无策，把治服洪水的希望寄托在神上。女娲就是在生产力很不发达的条件下，人们想像出来的拯救人类的英雄形象。今天，我们都知道，天上根本不存在圆穹似的盖子。我们生活着的地球只是被一层看不见、摸不着的大气包围着。大气层越往上越稀薄，一直延伸到几千千米。在离地面11千米以下的高度内，大气的运动非常复杂，叫做对流层。刮风、下雨、打雷、闪电等天气现象都发生在这里。经过长期的观察研究，人们了解了风、雨、云、雾的成因。地面上的水（主要是海洋）受到太阳的照射变成水汽上升，到高空冷却凝结成云，云中的水滴逐渐增大，落下来就是雨。雨不是从天的窟窿里流下来的天河之水。今天我们虽然还不能完全按照自己的意志"呼风唤雨"，控制天气的变化，但是古人所担心的"天有不测风云"的局面已经彻底改变，人类已经能对未来的 24 小时、几天甚至更长时间内的天气变化作出预报，提前做好防御暴雨侵袭和抵抗洪水泛滥的准备。

然而，人类在地球上平平安安地生活了数百万年以后，在科学技术高度发展的今天，倒反而担心起蓝天出现"窟窿"的危险了。这究竟是怎么回事呢？

最近几年，在加拿大和美国的一些地方，突然发现患皮肤癌的病人急剧增加。经过调查研究，这可能就是地球的大气层出现了"漏洞"的缘故。

其实，那看上去清澈透明，好似空无一物的大气层是地球上人类和一切生物的保护伞。它挡住了来自太阳和宇宙空间的各种有害的射线。在离开地面 24～30 千米的高空是臭氧特别集中的地区，叫臭氧层。我们平时所说的氧气由 2 个氧原子组成，臭氧却由 3 个氧原子组成，它的化学符号是 O_3。

太阳光中含有一种紫外线。人受到强烈的紫外线的照射，就会得皮肤癌。紫外线对动植物也会造成损伤，还会使地面温度升高，破坏自然界的生态平衡。正是臭氧层吸收了太阳光中 90% 以上的紫外线，保护了人类和一切生物。

可是，人类却在不自觉地破坏臭氧层！最近几十年来，大批的高空飞机，越来越多的火箭，它们的发动机散发出的一氧化二氮（笑气），不断与臭氧发生化学反应，从而消耗臭氧。地面上大规模地使用农药喷雾剂和冷冻剂，经常释放出含有氟和氯的气体，上升到高空，也与臭氧起化学反应，使臭氧减少。结果就好像大气层出现了"窟窿"，太阳光中的紫外线可以通行无阻，长驱直入，到达地面，造成危害。加拿大和

美国某些地区皮肤癌病人增多的原因，就是那里的臭氧层有了"漏洞"，紫外线辐射增加的缘故。

据科学家们估计，按照目前化学物质释放的速度，30～40年内整个臭氧层的臭氧含量将减少10％～20％，人类赖以生存的臭氧防线有可能全面崩溃，后果是不堪设想的。女娲补天不过是神话，而我们今天却真的面临着"补天"的任务了！

幸好近年来航天技术有了很大的发展，航天飞机试飞成功，"补天"这一神话般的艰巨任务是可能实现的。科学家们设想，派航天飞机飞到离地面150～200千米的轨道上，撒放化学药品，使这些药品慢慢降落到大气层，与氟、氯等元素结合，使这些"破坏分子"无法同臭氧发生化学反应；或者撒放某种含氧量比较高的物质，能在太阳光照射下合成臭氧，补充臭氧的损失。

当然，根本的办法还在于不要给臭氧层捅漏洞，要使全体地球居民认识到臭氧层遭到破坏将会带来的严重后果。为了保护我们的环境，为了子孙后代的幸福，要适当控制发射火箭和高空飞机飞行的次数，要改善发动机的工作，使燃料燃烧充分，减少一氧化二氮的成分，并且应限制含氟、氯等元素的喷雾剂和冷冻剂的使用。

从太空给地球体检

陈 丹

　　世上的事物，有时从近处看不真切，从远处倒反能瞧得清楚。航天技术为人类从太空观测和研究自己的星球开辟了新的道路。大多数人很容易看懂按国家和行政区划绘制或是按全球地形绘制的各种地图。但是世界上第一张显示全球森林和海上浮游生物分布情况的卫星影像合成图，却是另一种完全不同概念的全球地图。它是利用"雨云"7号极轨气象卫星（海洋部分）和"诺阿"7号静止轨道气象卫星（陆地部分）的数千张照片通过计算机处理合成的。图中黑色区域表示数据缺失。

　　海洋部分给出了浮游生物的全球分布情况。浮游生物是我们的食物链和氧循环的基础。图中，红色和橘红色区域表示浮游生物浓度最高，它们大多分布在各国沿海海域，紫色表示浮游生物浓度较低，黄色和浅绿色表示更低。

　　陆地部分绘出了全球森林分布情况。在卫星遥感仪器的"眼里"，叶绿素浓度愈高，换句话说，植物叶子越浓密，在这张图上的色彩就越绿。因此，南美洲、非洲和亚洲靠近赤道附近的热带雨林呈现出深绿色，在北美、西欧和我国东部及西南部地区呈浅绿色。随着颜色由浅绿变黄，表示植被越来越稀少，不毛之地的沙漠地区呈浅黄。

　　由此图可以看出，陆地表面的三分之一都是沙漠、半沙漠以及植被稀少的大平原干燥地区。这种沙漠化的情况仍在继续。陆地表面的三分

之一左右是森林地带。地球上的森林大致可分为两种,一种是主要分布于北半球高纬度的针叶林,另一种是分布于赤道附近低纬度地区的热带雨林。据估计,数千年以前热带雨林的面积为现在的两倍。其中大部分是在最近 200 年内消失的,尤其以第二次世界大战以后的情况更为严重。

还有"诺阿"(NOAA)气象卫星拍摄的、经电脑处理的地球海洋表面温度分布图像。卫星能以 0.5℃ 的精度感测海洋表面的温度。图中橘黄色部分代表温暖的海域,蓝色部分代表寒冷的海域。由图中可以看到横贯南太平洋的浅红色带,这是海水温度最高的区域。海洋表面温度的异常会对大气的变动造成巨大的影响,从而引起异常的气象变化。

作为享受现代文明的代价,人类不断地把二氧化碳排放到大气之中。据估计,每年全世界有数十亿吨二氧化碳、一氧化碳和粉尘分子排入大气层。被这些污染物质覆盖的地球以超常速度持续暖化。海面温度的异常,正是地球发出的哀鸣。

我们把地球高层大气中臭氧层内臭氧浓度特别低的部分,称之为臭氧层的空洞。1982 年日本科学家在南极昭和基地工作时发现南极上空臭氧正在减少,1985 年英国科学家进一步提出这个问题,1986 年美国气象卫星拍摄到南极上空臭氧层空洞的照片。此后,美国宇航局对"雨云"7 号极轨气象卫星所取得的有关臭氧层中臭氧含量的资料,作了彻底的调查与分析。结果发现,南极上空每年 9～10 月出现臭氧含量减少,形成了臭氧层空洞。这种情况从 1980 年起,逐渐扩大,至 1987 年达到最大,1988 年一度消失,1989 年再次出现。

臭氧层是保护地面生物免受太阳紫外线伤害的天然屏障。科学家证实,大气层的臭氧每减少 1%,照射到地球的太阳紫外线就增加 2%,皮肤癌的发生率则增加 4% 左右。很多科学家认为,氟利昂是破坏臭氧层的一大元凶,而现代化生活设备和电器中(飞机、汽车、电冰箱等等)氟利昂是不可少的。全世界氟利昂的产量大约是每年 100 万吨。

我们看陆地卫星拍摄的中国新疆的罗布泊，它呈耳朵形状。原来，这里曾是大型的、水量充沛的湖泊，后来逐渐干涸，成为无人区。我国的第一枚原子弹曾在这里试爆成功。

从航天飞机拍摄的喜马拉雅山脉及其山麓森林被毁的情况可以看出，由于开垦农地，许多亚热带森林甚至高山的森林正被大片焚毁，四处烟雾笼罩，就连"世界屋脊"的森林也难逃被破坏的噩运。

1991年初爆发的海湾战争，引起科威特油田的熊熊烈火，大量原油流入海湾，油田四周布满硫磺氧化物等大气污染物质，火灾现场冒出的黑烟使局部地区仿佛陷入"核冬天"的可怕境地。这些黑烟随风持续扩散于大气之中。

地球是人类的摇篮，是太阳系内惟一的一片绿洲，我们只拥有一个地球！

人们用航天器从太空给地球作遥感体格检查。结果表明地球正在"生病"，这并非危言耸听！大自然在警告人类：在追求发展的过程中，要防止人为的破坏，否则人类将自食其恶果。

国际空间年曾提出要把"珍惜我们的地球，保护我们的地球"作为宣传教育的一项主要内容。这也是各航天大国要积极推进"地球使命计划"的原因。"地球使命计划"的主要内容是长期并全面地从太空监视地球，以便在21世纪能做出对地球生态以及资源开发最有利的决策。

地球的极限

［意大利］佩　西

中国古书《韩非子》云："今人有五子不为多，子又有五子，大父未死而有二十五孙，是以人民众而货财寡，事力劳而供养薄。"

指数的增长，确可以产生惊人的结果。有一个著名的波斯故事，传说一个聪明的朝臣献给他的国王一个精美的棋盘，并请求国王给他在这棋盘的第 1 个方格上放 1 粒米，在第 2 个方格上放 2 粒，在第 3 个方格上放 4 粒，如此类推作为报答。国王立刻同意了，并下令从他仓库里取米。岂料到第 40 个方格时，必须从仓库里取出 10000 亿粒米；还没有达到第 64 个方格以前，国王仓库里储备的全部米粒都耗尽了!

还有一个法国的儿童谜语说明了指数增长的另一个方面，即它可以突然接近一个固定的极限。假定你有一个生长着一朵水百合花的池塘。这种植物的体积每天按 2 倍的速度生长。如果允许这种水百合不受限制地生长，在 30 天里就会完全覆盖住这个池塘，闷死水中的其他生命。在很长的时间里，这种水百合花似乎很小，所以直到它覆盖住这池塘的一半时，你决意不必为修剪它担心。究竟有多少天呢？当然是 29 天。可是你只剩下一天时间来挽救你的池塘了。

指数增长是一种动态现象。这就是说，它所包括的各种因素是随时间变化的。现在几乎所有的人类活动，从化肥的施用到城市的扩大，都可以用指数增长曲线来表示。如果在世界人口、工业化、污染、粮食生

产和资源消耗方面按现在的趋势继续下去，这个行星上增长的极限有朝一日将在今后一百年中发生。最可能的结果将是人口和工业生产力双方有相当突然的和不可控制的衰退。这些难以权衡的因素，都是由一个简单的事实引起的——地球是有限的，任何人类活动愈是接近地球支撑这种活动的能力限度，对不能同时兼顾的因素的权衡就变得更加明显和不可能解决。

乐观主义者希望技术能够改变或扩展人口和资本的增长极限的能力。美国大城市中心的所有土地，最终被挤满了。物质的极限已经达到，城市的经济增长似乎将要停止。对此，技术上的回答是发展摩天大楼和电梯，它排除了土地面积这个抑制增长的因素，继续增加了更多的人和更多的商业。随后，一个交通运输的新的强制因素又出现了。解决的办法又是技术上的。高速公路网，大量运输系统，最高建筑物顶上的直升飞机场建设起来。运输极限被克服，建筑物更高了，人口增加了。现在，美国大多数大城市已经停止增加，比较富裕的人有经济条件选择，迁移到正在向城市四周扩大的郊区。城市中心地区喧闹、污染、犯罪、吸毒、贫困、罢工和社会服务崩溃。由于新问题没有技术上的解决办法，城市中心的生活质量下降。因为技术上的解决办法"仅仅需要自然科学技术方面的变革，而无需考虑人类价值或道德观念方面的变革"。即使技术进步把所有期望的事情都付诸实现，也还存在着技术上所不能解决的问题，而这些问题的相互作用的结果，最后会带来人口和资本增长的终结。

支持世界经济和人口增长直到 2000 年甚至以后，将需要什么呢？必须组成的因素：第一类包括维持所有生理活动和工业活动所需要的物质必需品。粮食、原料、矿物燃料和核燃料，以及这个行星上吸收的废料，并使重要的基本化学物质再循环的生态系统，这些原则上是有形的，例如可耕地、淡水、金属、森林、海洋等，它们最终决定这个地球的增长极限。第二类是由社会必要因素构成的。实际上经济和人口的增

长还要依赖于诸如和平和社会稳定，教育和就业，以及稳定的技术进步等因素。奥莱里欧·佩切依博士首次提出了未来全球性的人类困境。我们要估计和预测这些因素及其相互作用。如果眼界局限于太小的领域，是令人扫兴而且危险的。全力以赴，力求解决某些刻不容缓的局部问题，结果却发现这种努力在更大范围内发生的事件面前失败了。

地球的限度和人类的活动之间的关系是变化的。按照指数曲线增长的几百万人和几十亿吨污染物质每年加给生态系统。甚至一度看来好像实际上是不可穷尽的海洋，也在一个接一个地失去商业上有用的生物品种，如斯堪的纳维亚鲱鱼、大西洋鳕鱼日益变得稀少了。人类似乎并没有认识到自己正在奔向地球的显而易见的极限。捕鲸业的历史也是一个明证。捕鲸者试图用增加动力和改进技术来克服每一个极限，结果却消灭了一个又一个品种，最终只能是消灭鲸鱼和捕鲸者自己。

我们相信，正如我们下面要说明的，社会的进化有助于发明和技术发展，一个以平等和公平为基础的社会，与其说是在我们今天所经历的增长状态中进化，很可能不如说要在全球均衡状态中进化。在均衡状态中，需要不变的量只有人口和资本。而那些不需要大量不可代替的资源，或不产生最后的环境退化的人类活动，可以无限地继续增长。特别是那些被许多人列为人类的最理想和最满意的活动，如教育、艺术、音乐、宗教、基础科学研究、体育活动和社会的相互影响，是能够繁荣的。这些活动非常强烈地依靠于两个因素：首先在人类对粮食和住房的基本需要已经满足，其次需要闲暇时间。伯特兰·罗素曾经举例说："某人作出一项发明，靠这项发明，同样数量的人可以制造两倍于以前的别针。但是，这个世界并不需要这么多的别针，在一个明智的世界里，每一个与制造别针有关的人会开始工作四小时，而不是八小时。但是在现实世界里，人们仍然工作八小时，别针太多了，有些雇主破产，与制造别针有关的人一半失业。一半人完全闲着，另一半人仍然过分劳累。按照这种方式，不可避免地闲暇时间肯定到处引起苦难，而不是普

遍幸福的源泉。还能想像什么事情是更愚蠢的呢?"

历史表明，没有什么发明是由那些必须把全部精力用于克服生存的直接压力的人们做出来的。原子能是在基础科学的实验室里，由不知道矿物燃料耗竭的任何威胁的人们发明的。第一个遗传实验是在欧洲宁静的修道院中发生的，一百年后才导致农作物高产。人类的迫切需要已经迫使这些基本发现应用于各种实际问题。但是，只有摆脱需要的影响，才产生了实际应用所必需的知识。

人类历史上新发明的长期记录已经导致拥挤，环境退化，以及更大的社会不平等，因为更高的生产率已经被人口和资本的增长吸收了。只要这些目标代替增长成为社会的基本价值，更高的生产率就没有理由不能转化为每个人更高的生活水平，更多的闲暇时间，或更愉快的环境。

在人类历史上的这个短暂时刻，人类拥有综合这世界曾经掌握的知识、工具和资源的力量，有创造一个世代相传，完全新型的人类社会必需的一切物质条件。但还缺少两个引导人类走向均衡社会的因素：一个是现实主义的长远目标，另一个是要达到这个目标的人类意志。有了这个目标并承担义务，人类从现在起就会准备好开始有控制地、有秩序地从增长过渡到全球均衡。

西拉俱乐部的座右铭："不要盲目地反对进步，但是反对盲目的进步。"这也许就是我们观点的最好总结。

（李宝恒　译）

基因工程与生态环境

［美］马克·考夫曼

美洲虎在黄昏的丛林中捕猎时，身上的斑点可以帮助它不被猎物看到。一只小鳄鱼出生后，它马上就知道跃出水面捕食昆虫，但不会碰那些浮在水面或沉入水底的死虫。

达尔文适者生存的理论，很早就解释了这些现象。但遗传工程的出现促使科学家分析生命形式和它们生存环境之间的进一步关系：除了环境对美洲虎、鳄鱼和其他生物造成的基因变化，动物、植物和昆虫的基因也会以更为复杂的方式影响到周围的世界吗？

由于在农业生态技术方面的国际争论日益激烈，这个理论问题有着特殊的急迫性。转基因植物（还有鱼类或昆虫）可能会以什么方式影响环境，突然成了一大热门话题，各方面的研究人员都加入了这个问题的讨论。

人类基因组工程发现的基因远比起初估计的少，这清楚地表明，基因本身也许并不具有解释人类品质和行为千差万别的无穷多样性，从而进一步扩大了争论的范围。基因必须与环境相互作用，并且产生出种种性状，使人区别于黑猩猩或蚯蚓，或者使某一个人区别于另一个人。生物体的基因组是一个复杂、生动的环境。一些科学家提出，对遗传改性生物怎样影响环境的任何分析，都必须考虑到传统"外部"环境与新发现的、同样复杂的"内部"基因环境的相互作用。

在一篇被环境保护论者看做重要哲学成就的论文中，塔科马帕克能源和环境研究所的阿尔琼·马希贾尼认为，生命体的遗传物质与它们所在生态环境的关系是深刻而变化的；摆弄基因可能使环境及生活在环境中的动植物出现混乱，其方式可能远远比人们想像的更复杂，更广泛。

马希贾尼说："我的假设是，基因组是它所生活的生态环境的内部体现。如果单个基因组结构与它们的生态系统如此密切相关，那么，搞乱基因组就会对……整个生态系统产生影响。"他认为，像能抵抗虫害的转基因玉米（向玉米种子加入一种天然抵抗虫害细菌）这类产品，对周围生态系统的危脸从本质上说，要高于普通玉米。他认为，遗传改性的影响远远大于人们通常的理解，因为这涉及把细菌和玉米等异类生物的基因结合起来——正常情况下，它们的基因组是不会重合的。

加利福尼亚大学教授理查德·施特勒曼认为，生物技术作物对环境的整体风险尚未得到彻底的研究。

当然，人类农业对植物的改变已经持续了几百年，并且对环境造成了巨大的影响。在美国种植的作物，几乎没有一种是天然的，从某种程度上说，它们都经过杂交。

塔斯基吉大学植物生物技术研究中心的钱纳帕特纳·普拉卡什，最近在《植物生理学》上发表文章说，对转基因玉米这类作物的"基因流"的担忧已成为一种合理的想法。然而，转基因玉米，一个美国原本没有的物种，如今却在这里覆盖了 3035 万公顷的土地。两相对照，前者对环境的潜在危害就微不足道了。他说，对"基因流"的恐惧是"由那些不喜欢生物技术，或者有某种既定利益的人——比如利用天然条件种地的农民——制造的"。

生物技术工业组织的瓦尔·吉丁斯说，基因从某种生命形式到另一种生命形式的转移并不存在问题，今天所有活着的物种都经历了这样的过程。他说，生物技术使这种变化过程（即把变异引入现存物种）的可预测性和可控性，比以往任何时候都大大提高了。

世界末日的预言总会不攻自破

[美] 贝克尔

　　人往往会过度担心危机的发生，有时候连脑筋最好的人也免不了。1865 年，世界上最伟大的经济学家之一的威廉·杰文思（Willam S. Jevons）在他所写的书里就说，由于英国的煤矿藏量快被开采光了，因此担心英国的工业增长可能会停顿下来。不过，英国后来的煤炭产量还是足以让矿业存在下去，也让 10 多万名矿工的工作不因进口产品的竞争而受到影响。杰文思当时还预测，由于煤的产量越来越少，因此价格会顺势上扬。实际上，英国的煤炭价格从 1870 年到 1970 年之间几乎都没有上涨。他没有预料到煤的替代品和新引擎会被开发出来，也没有想到其他的科技可以提高能源的使用效率。

　　再举个例子。很多人都听说过马尔萨斯对人口问题所做的可怕预测。他在 1803 年提出警告说，除非年轻男女把结婚的年龄延后并且减少生育，否则在人口不断增长的情况下，劳工的实际工资水平会长期被压低。然而，在他提出这种说法之后的 150 年里，英国的人口虽然快速增长，而平均结婚年龄也降低了，但工资水平反而大多是呈上升的趋势。马尔萨斯未能预见一个事实，也就是科技水平在工业革命之后会进一步提高，也没有想到现代的民众会更喜欢小家庭。

　　这种过度的危机意识不只是 19 世纪人类的专利，也不是只有经济学家才有这个问题。德州 A&M 大学教授查尔斯·莫理思（Charles

Maurice）及查尔斯·斯密森（Charles W. Smithson）在他们合写的《世界末日的迷思》这本书里，就对过去对于经济危机所做的种种预测进行了探讨。例如，英国在 17 世纪面临木材不足的问题时，就有人预测可能会损害海军战斗力，也可能让家庭取暖的成本超过民众能够承受的能力。但实际的情况却是，在木材价格长期上扬的情况下，反而加快了以煤矿取而代之的步伐，煤炭成了更好的替代品。

杰文思和马尔萨斯等脑筋很好的人都无法预见未来的实际发展，因此目前想对未来进行预测的人应该从他们身上吸取一些教训。

然而，不少惟恐天下不乱的人还是经常提出引人注意的论调，再加上 20 世纪 60 年代和 70 年代是最容易让人对未来感到悲观的年代，因此正确的见识反而会被淹没。很多人就重提了马尔萨斯的论调，认为人口增长过快对环境生态会造成破坏，也会妨碍经济增长。同样，很多人也担心地下所埋藏的煤矿等燃料即将用罄，听起来犹如杰文思再世一般。另外，不少人警告可能会出现环境危机、核子危机以及都市危机等。

但是，实际的例证都对这些预测不利。举例来说，由于中国以及印度等发展中国家的生育率下降，因此在 20 世纪 60 年代对人口增长所做的预估都向下修正了。而发达国家则开始担心家庭人口太少的问题，以及由于生育率过低导致的人口下降的问题。

另外，石油等能源缺乏的问题，是因为石油输出国组织刻意哄抬价格所造成的。在这样的情况下，各国被迫提高能源的使用效率，同时也开发新的替代产品，结果产油国的卡特尔组织被击溃，而能源不足的问题也应声告终，至少暂时是如此。

20 世纪 80 年代的问题虽然没有前 20 年那么严重，但还是有不少人时时把危机两个字挂在嘴边。过去几年来，联邦预算赤字的危机就让某些人预期会有灾难发生。同时，欧美等国也有人担心工业生产能力会被太平洋各国迎头赶上。也有人说，美国制造业产品无法在国际市场上

和他国竞争，是导致对外贸易出现大量逆差的主要原因。

不过，在健全的现代化经济里，似乎未必得由制造业来当龙头老大。美国的经济在 1947～1975 年表现得非常好，但在这段时间里，制造业就业人口所占的比例由 35％降到了 23％。事实上，制造业劳工的绝对人数大致上也仅是缓慢增长而已。

而最近几年的贸易赤字显然是外国人对美元资产的需求增加所造成的，而不是美国无法在国际市场上与人一较长短。在贸易逆差不断上升的这段时间，美元的汇率对于其他货币来说是呈现上扬走势的。

不过和其他所谓的危机相比，联邦预算赤字如果持续扩大，未来倒真会引起严重的问题。例如，未来的政府可能会为了减轻沉重的财政负担而以增加货币发行方式来解决困境。然而，在过去几年里，美国的经济发展强劲，但通货膨胀的压力却不大。在这段时间里，每当预算赤字上升就大惊小怪的人对此又该如何解释？

我们应该面对现实，承认经济学家等研究社会科学的人，实在无法预测美国对日本及韩国在国际市场上的竞争会如何回应，也无法预测石油等能源供给明显减少的状况会对美国造成什么影响。

不过，过去数百年来的实际情况显示，既然在价格等方面出现明显变化的时候，个人和组织都能自由地予以回应，那么就算经济上的困境再难克服，最后也都能找到令人意想不到的高明解答。

摩天大楼遐想

叶尚志

　　改革开放后,我到过香港、纽约和东京,参观过现已被毁的世贸大厦顶层,实际地看到那里的高楼大厦,确实像森林、竹笋,摩天大楼耸入云端,成为都市最显眼的景观。陌生人见到不免感到新奇,但那里的居民和常客却因司空见惯,安之若泰,并不为奇。我在东京见到一位上海旅日华裔友好人士,他很有感慨地向我说:不过十几年,他住的东京郊区从一片荒地已变成高楼栉比的繁华商区;祖国耽误了,很可惜,上海何时可以赶上呢?此话使我刻骨铭心,巴不得及早回国,倾吐追赶突飞猛进的世界建设潮流之梦想。

　　自那以后,不到 20 年,上海果然不负众望,发生了巨变,高楼大厦有如雨后春笋,拔地而起;新建高层建筑早已赶过原国际饭店和上海大厦,浦东竟建成 80 层的金茂大厦。这股兴建高层之风,扩而言之,全国也正方兴未艾。近些年来我国不但加紧追赶国际发展潮流,且岿然屹立,顶住了国际经济危机,就未来发展来说,"这边风景独好"。这里不赘述。

　　不过,综合各种信息来说,是不是盖的高层越多就是经济现代化的惟一标志呢?答曰:"否。"例如,纽约是世界资格最老、高层最密集的大都市,早就有人认为这是一种病态。所以纽约人近些年来向郊区绿化地带大面积扩散,时兴修建二三层舒适的别墅,搬迁之风久而

不衰；剩下的许多几十层高楼破旧不修，低价租给蓝领和黑人居住。可见闹市、高层早就呈现淘汰之势，不如以往吃香了。

纽约"9·11"被炸的两幢标志性摩天大楼世贸大厦，过去以美国的实力完全可以多建，但长期以来也只有这两幢，加上一幢老的帝国大厦，此外并未多建。原因是早就有人具有独到见解，认为摩天大楼不是方向，此风不可长。这次被炸，世贸大楼楼内温度竟达2000℃，加料钢筋、钢柱也不耐如此高温，立即化为灰烬；里面的人跑也跑不出来，救援的人也难幸免，不少人同归于尽。可见高层、摩天大楼之弊大矣。所以美国国会拨款重建世贸大厦，决不重蹈覆辙，只拟建四幢矮楼。

看来此祸将对改变建筑风格产生不小的影响。据说不少专家不主张多建20层以上的建筑。这是很有道理的。我想这不仅仅是由于超高建筑不但技术要求高，造价更高，难于管理，易为破坏目标，不便应急，也由于不宜把人关入牢笼，像囚徒一样生活不便，造成与外界社会和自然环境隔绝，对人的精神、健康，特别是对儿童的成长非常不利。如果一个城市塞满了像无数钢针和水泥森林一样的高层建筑，那成什么环境呢？还有什么丰富多彩、美感、情趣、天然、舒适可言呢？何况从改变大城市人口过分集中，应着眼于中小城市建设的长远战略观点来看，大城市的高层建筑更不宜过分集中，而应逐步把建设资金分散于中小城市，宏观布局才比较适当。所以什么事都有一个合理的限度，超过限度就是荒谬，物极必反，好事可以变坏事，坏事可以变好事，这也是一条真理*。

像我国这个仍处在发展中的国家，人口又多，人均住房面积并不宽裕，城市化又有极大发展空间的情况下，所谓20层左右高楼大厦，也应有所控制，宜少不宜多。最值得提倡推广的是五层不用电梯的楼房，宜加强质量，而不宜普遍向上拔高。它的好处恰好可以避免上述高层之弊，特别是不致使人的生活、精神、身体向畸形发展，也可腾

出经费，较快改善那些居住条件仍然较差的居民之困难，何乐而不为呢？

＊北京建筑界人士讨论东郊中央商业中心规划时，有的建筑大师认为城市建筑比高现已过时，不宜再东施效颦了。

三、生态悲歌

再也没有鸟儿歌唱

[美] 蕾切尔·卡逊

现在美国，越来越多的地方已没有鸟儿飞来报春；清晨早起，原来到处可以听到鸟儿的美妙歌声，而现在却只是异常寂静。鸟儿的歌声突然沉寂了，鸟儿给予我们这个世界的色彩、美丽和乐趣也因某些地方尚未感受其作用而被忽视，以致现在鸟儿悄然绝迹。

一位家庭妇女在绝望中写信给美国自然历史博物馆鸟类名誉馆长罗伯特·库什曼·马菲：

在我们村子里，好几年来一直在给榆树喷药。当6年前我们才搬到这儿时，这儿鸟儿多极了，于是我就干起了饲养工作。在整个冬天里，北美红雀、山雀、绵毛鸟和五十雀川流不息地飞过这里；而到了夏天，红雀和山雀又带着小鸟飞回来了。

在喷了几年DDT以后，这个镇几乎没有知更鸟和燕八哥了；在我的饲鸟架上已有两年时间看不到山雀了，今年红雀也不见了；邻居那儿留下筑巢的鸟看来仅有一对鸽子，可能还有一窝猫声鸟。

孩子们在学校里学习已知道联邦法律是保护鸟类免受捕杀的，那么我就不大好向孩子们再说鸟儿是被害死的。它们还会回来吗？孩子们问道，而我却无言以答。榆树正在死去，鸟儿也在死去。是否正在采取措施呢？能够采取些什么措施呢？我能做些什么呢？

在联邦政府开始执行扑灭火蚁的庞大喷洒计划之后的一年里，一位

阿拉巴马州的妇女写道:"我们这个地方大半个世纪以来一直是鸟儿的真正圣地。去年7月,我们都注意到这儿的鸟儿比以前多了。然而,突然地,在8月的第二个星期里,所有鸟儿都不见了。我习惯于每天早早起来喂养我心爱的已有一个小马驹的母马,但是听不到一点儿鸟儿的声息。这种情景是凄凉和令人不安的。人们对我们美好的世界做了些什么?最后,一直到5个月以后,才有一种蓝色的鹣鸟和鹪鹩出现。"

在这位妇女所提到的那个秋天里,我们又收到了一些其他同样阴沉的报告,这些报告来自密西西比州、路易斯安娜州及阿拉巴马州边远南部。《野外纪事》季刊记录说在这个国家出现了一些没有任何鸟类的可怕的空白点,这种现象是触目惊心的。《野外纪事》是由一些有经验的观察家们所写的报告编纂而成,这些观察家们在特定地区的野外调查中花费了多年时间,并对这些地区的正常鸟类生活具有无比卓绝的丰富知识。一位观察家报告说,那年秋天,当他在密西西比州南部开车行驶时,在很长的路程内根本看不到鸟儿。另外一位在倍顿·路杰的观察家报告说,她所布放的饲料放在那儿"几个星期始终没有鸟儿来动过";她院子里的灌木到那时候已该抽条了,但树枝上却仍浆果累累。另外一份报告说,他的窗口"从前常常是由40或50只红雀和大群其他各种鸟儿组成一种撒点花样的图画,然而现在很难看到一两只鸟儿出现"。

这里有一个故事可以作为鸟儿悲惨命运的象征——这种命运已经征服了一些种类,并且威胁着所有的鸟儿。这个故事就是众所周知的知更鸟的故事。对于千百万美国人来说,第一只知更鸟的出现意味着冬天的河流已经解冻。知更鸟的到来作为一项消息报道在报纸上,并且在吃饭时大家热切相告。随着候鸟的逐渐来临,森林开始绿意葱茏,成千的人们在清晨倾听着知更鸟黎明合唱的第一支曲子。然而现在,一切都变了,甚至连鸟儿的返回也不认为是理所当然的事情了。

知更鸟,的确还有其他很多鸟儿的生存看来和美国的榆树休戚相关。从大西洋岸到落基山脉,这种榆树是上千城镇历史的组成部分,它

以庄严的绿色甬道装扮了街道、村舍和校园。现在这种榆树已经患病，这种病蔓延到所有榆树生长的区域，这种病是如此严重，以致专家们承认竭尽全力救治榆树最后将是徒劳无益的。失去榆树是可悲的，但是假若在抢救榆树的徒劳努力中我们把我们绝大部分的鸟儿扔进了覆灭的黑暗中，那将是加倍的悲惨。而这正是威胁我们的东西。

所谓的荷兰榆树病大约是在 1930 年从欧洲进口镶板工业用的榆木节时被引进美国的。这种病是一种菌病。这种菌侵入到树木的输水导管中，其孢子通过树汁的流动而扩散开来，由于其分泌物有毒及阻塞作用而致使树枝枯萎，使榆树死亡。该病是由榆树皮甲虫从生病的树传播到健康的树上去的。由这种昆虫在已死去的树皮下所开凿的渠道后来被入侵的菌孢所污染，这种菌孢又粘贴在甲虫身上，并被甲虫带到它飞到的所有地方。控制这种榆树病的努力始终在很大程度上要靠对昆虫传播者的控制。于是在美国榆树集中的地区——美国中西部和新英格兰州，一个个村庄地进行广泛喷药已变成了一项日常工作。

这种喷药对鸟类生命，特别是对知更鸟意味着什么呢？对该问题第一次作出清晰回答的是乔治·渥朗斯——密执安州大学的教授和他的一个研究生约翰·迈纳。当迈纳先生于 1954 年开始作博士论文时，他选择了一个关于知更鸟种群的研究题目。这完全是一个巧合，因为在那时还没有人怀疑知更鸟是处在危险之中。但是，正当他开展这项研究时，事情发生了，这件事改变了他要研究的课题的性质，并剥夺了他的研究对象。

对荷兰榆树病的喷药于 1954 年在大学校园的一个小范围内开始。第二年，校园的喷药扩大了，把东兰星城（该大学所在地）包括在内，并且在当地计划中不仅对吉卡赛蛾而且连蚊子也都这样进行喷药控制了。化学药雨已经增多到倾盆而下的地步了。

在 1954 年——首次少量喷洒的第一年，看来一切都很顺当。第二年春天，迁徙的知更鸟像往常一样开始返回校园。就像汤姆林逊的散文

《失去的树林》中的野风信子一样，当它们在它们熟悉的地方重新出现时，它们并没有"料到有什么不幸"。但是，很快就看出来显然有些现象不对头了。在校园里开始出现了已经死去的和垂危的知更鸟。在鸟儿过去经常啄食和群集栖息的地方几乎看不到鸟儿了。几乎没有鸟儿筑建新窝，也几乎没有幼鸟出现。在以后的几个春天里，这一情况单调地重复出现。喷药区域已变成一个致死的陷阱，这个陷阱只要一周时间就可将一批迁徙而来的知更鸟消灭。然后，新来的鸟儿再掉进陷阱里，不断增加着注定要死的鸟儿的数字；这些必定要死的鸟可以在校园里看到，它们也都在死亡前的挣扎中战栗着。

渥朗斯教授说："校园对于大多数想在春天找到住处的知更鸟来说，已成了它们的坟地。"然而为什么呢？起初，他怀疑是由于神经系统的一些疾病，但是很快就明显地看出了"尽管那些使用杀虫剂的人们保证说他们的喷洒对'鸟类无害'，但那些知更鸟确实死于杀虫剂中毒，知更鸟表现出人们熟知的失去平衡的症状，紧接着战栗、惊厥以至死亡"。

有些事实说明知更鸟的中毒并非由于直接与杀虫剂接触，而是由于吃蚯蚓间接所致。校园里的蚯蚓偶然地被用来喂养一个研究项目中使用的蝼蛄，于是所有的蝼蛄很快都死去了。养在实验室笼子里的一条蛇在吃了这种蚯蚓之后就猛烈地颤抖起来。然而蚯蚓是知更鸟春天的主要食物。

在一些喷过药的城镇里，筑巢鸟儿的数量一般说来减少了90％之多。正如我们将要看到的，各种各样的鸟儿都受到了影响——地面上吃食的鸟，树梢上寻食的鸟，树皮上寻食的鸟以及猛禽。

完全有理由推想所有主要以蚯蚓和其他土壤生物为食的鸟儿和哺乳动物都和知更鸟的命运一样受到了威胁。约有45种鸟儿都以蚯蚓为食。山鹬是其中一种，这种鸟儿一直在近年来受到了七氯严重喷洒的南方过冬。现在在山鹬身上得出了两点重要发现。在新布朗韦克孵育场中，幼鸟数量明显地减少了，而已长成的鸟儿经过分析表明含有大量DDT和

七氯残毒。

哺乳动物也很容易直接或间接地被卷入这一连锁反应中。蚯蚓是浣熊各种食物中较重要的一种，并且袋鼠在春天和秋天也常以蚯蚓为食。像地鼠和鼹鼠这样的地下打洞者也捕食一些蚯蚓，然后，可能再把毒物传递给像叫枭和仓房枭这样的猛禽。在威斯康星州，春天的暴雨过后，捡到了几只死去的叫枭，可能它们是由于吃了蚯蚓中毒而死的。曾发现一些鹰和猫头鹰处于惊厥状态——其中有长角猫头鹰、叫枭、红肩鹰、食雀鹰、沼地鹰。它们可能是由于吃了那些在肝和其他器官中积累了杀虫剂的鸟类和老鼠而引起的二次中毒致死的。

1956年暮春时节，由于推迟了喷药时间，所以喷药时恰好遇上大群鸣禽的迁徙高潮。几乎所有飞到该地区的鸣禽都被大批杀死了。在威斯康星州的白鱼湾，在正常年景中，至少能看到一千只迁徙的山桃啭鸟，而在对榆树喷药后的1958年，观察者们只看到了两只鸟。随着其他村镇鸟儿死亡情况的不断传来，这个名单逐渐变长了，被喷药杀害的鸣禽中有一些鸟儿使所有看到的人们都迷恋不舍：黑白鸟，金翅雀，术兰鸟和五月蓬鸟，在五月的森林中啼声回荡的烘鸟，翅膀上闪着火焰般色彩的黑焦鸟，栗色鸟，加拿大鸟和黑喉绿鸟。这些在枝头寻食的鸟儿要么由于吃了有毒的昆虫而直接受到影响，要么由于缺少食物间接受到影响。

一位威斯康星州的博物学家报告说："燕子已遭到了严重伤害。每个人都在抱怨着与四五年前相比现在的燕子太少了。仅在四年之前，我们头顶的天空中曾满是燕子飞舞，现在我们已难得看到它们了……这可能是由于喷药使昆虫缺少或使昆虫含毒两方面原因造成的。"这位观察家还写道："另外一种明显的损失是鹟，到处都很难看到蝇虎，但是幼小而强壮的普通鹟却再也看不到了。今年春天我看到一个，去年春天也仅看到了一个。威斯康星州的其他捕鸟人也有同样抱怨。我过去曾养了五六对北美红雀鸟，而现在一只也没有了。鸲鹟、知更鸟、猫声鸟和叫枭每年都在我们花园里筑窝。而现在一只也没有了。"

在经济方面及其他不太明显的地方造成的损失也是极其惨重的。例如，白胸脯的五十雀和褐啄木鸟的夏季食物就包括有大量对树木有害的昆虫的卵、幼虫和成虫。山雀四分之三的食物是动物性的，包括处于各个生长阶段的多种昆虫。山雀的觅食方式在描写北美鸟类的不朽著作《生命历史》中有所记述："当一群山雀飞到树上时，每一只鸟儿都仔细地在树皮、细枝和树干上搜寻着，以找到一点儿食物（蜘蛛卵、茧或其他冬眠的昆虫）。"

许多科学研究已经证实了在各种情况下鸟类对昆虫控制所起的决定性作用。山雀和其他冬天留下的鸟儿可以保护果园使其免受尺蠖之类的危害。

大自然所发生的这一切已不可能在现今这个由化学药物所浸透的世界里再发生了，在这个世界里喷药不仅杀死了昆虫，而且杀死了它们的主要敌人——鸟类。如同往常所发生的一样，后来当昆虫的数量重新恢复时，已再没有鸟类制止昆虫数量的增长了。如米渥克公共博物馆的鸟类馆长克洛米在《米渥克日报》上写道："昆虫的最大敌人是另外一些捕食性的昆虫、鸟类和一些小哺乳动物，但是DDT却是不加区别地杀害了一切，其中包括大自然本身的卫兵和警察……在进步的名义下，难道我们自己要变成我们穷凶极恶地控制昆虫的受害者吗？这种控制只能得到暂时的安逸，后来还是要失败的。到那时我们再用什么方法控制新的害虫呢？榆树被毁灭，大自然的卫兵——鸟由于中毒而死尽。到那时这些害虫就要蛀蚀留下来的树种了。"

一位米渥克的妇女来信写道："我真担心我们后院许多美丽的鸟儿都要死去的日子现在就要到来了。""这个经验是令人感到可怜而又可悲的……而且，令人失望和愤怒的是，因为它显然没有达到这场屠杀所企望达到的目的……从长远观点来看，你难道能够在不保护鸟儿的情况下而保住树木吗？在大自然的有机体中，它们不是相互依存的吗？难道不可以不去破坏大自然而帮助大自然恢复平衡吗？"

（吕瑞兰　译）

牡蛎之死

林绿竹

由于改革开放搞活了闽南地区的经济，春节泉州一带城乡，花灯分外耀眼，爆竹更加响亮。当侨乡人民互道"恭喜"，沉浸在欢声笑语之中的时刻，我却在湄州湾内中沃的后龙南岸，遇到一个惠安妇女。她面对大海，像岸边那座孤零零的姑嫂塔，一动不动地站立着，凝望着。海风阵阵吹来，盐腥气里夹着一股难闻的石油味，飘动起她那尖斗笠下的花头巾和肥大的长裤腿。暮色里，我看不清那妇女的脸庞，但她短袄下裸露的腹部（惠安妇女的典型装束），却海浪般轻轻地起伏着，我听见了她啜泣的声音。

在这欢乐的节日，她为何独自在此悲泣？

跑到海边来劝那个妇女回家过年的乡亲告诉我：那位大嫂叫郑珠妹，她家靠养牡蛎过活。这里地少人多，生活困难，但是海湾条件好，政府发放扶贫贷款，帮助群众发展海产养殖业。她丈夫今年除了政府贷款，又向私人借钱，扩大了养牡蛎（南方俗称蚝）的面积。谁料到，对岸秀屿在海滩上拆船，汽油污染了滩涂，蚝苗大部分死亡了。他丈夫感到负债累累，生活无着，一时想不开，就自杀了，把母亲和儿女五口，都扔给了可怜的妻子。她真不幸啊，永远也等不到她亲人回家团聚了。

噢，我想起来了，那天在一位老朋友家吃饭，一大碗鲜美的牡蛎，就因为石油味道重，无法吃，真可惜，主人只好倒了喂鸡。

我的那位老友，正好是福建省海岸带调查组成员。于是便约请他引导我驱车沿着肖厝港南岸，从后龙、南埔一直驶到北岸莆田的秀屿察看。拆船厂陆上没有船坞设备，就在海滩上进行开放式拆船。当时，正值退潮，但我在海滩上寻不到一点蛏蛤、虾蟹和苔藻的踪影，只看到那些拆卸下来的旧船钢铁废件，乱七八糟；油污铁锈，五颜六色，狼藉在潮间带的滩涂上，好像一片待打扫的劫后战场。近海被油污染成黑色的礁石间，正好有几个拆船厂雇来的小工，在那里用小勺撇油。据他们说，每人一天能撇起两三块钱的石油哩！

同行的友人告诉我，湄州湾海岬对峙，腹大口小，呈花瓶状，换水周期长，自净能力差。因此，海面油污随着潮汐涨落，往来漂浮，不易流散，污染严重。尤其是离秀屿仅一两千米的后龙、南埔两乡，更备受其害。特别是牡蛎，对石油和重金属的积累能力较强，是海洋污染中受害很重的生物。我们在后龙海滩上，看到渔民养殖牡蛎的一排排鳞次栉比的蚝石（渔民为让牡蛎附着生长而栽立的条石）上，死亡的白色蛎房密如繁星，好像无数双被人剜去眼珠的空眼眶，无望地眍对着大海。深沉的潮声应和着那位渔妇的悲泣，这是大自然同情的叹息吧！

牡蛎养殖原是泉州地区渔民传统的重要生计之一。这次，我曾乘车路过离惠安县城15千米处闻名天下的"洛阳桥"。这座跨江接海的梁式大石桥，是北宋大书法家蔡襄任泉州知府时兴建的。因为这里江潮夹涌，海浪冲激，车马频繁，为了加固桥基，900多年前宋人就已懂得在桥下养殖大量的牡蛎，巧妙地利用这种海生贝类外壳附着力强和繁衍迅速的特性，把桥基与桥墩紧紧地胶结成牢固的整体，使之成为历尽沧桑而不动摇的中流砥柱。如今，我眺望长桥两侧的滩涂上，虽然还依旧栽立着很多蚝石，可是上面却很少附生着牡蛎，倒像是坟场上东倾西歪的墓碑，哀悼着由于环境污染而死亡的各种海生动植物……

为了弄清这样触目惊心的生态环境被破坏的情况，我们特地去访问了惠安县人民政府。黄炯辉副县长和县环境保护办公室主任许炳望等同

志热情地接待了我们。他们是多么迫切地盼望有人能将惠安已处于"危巢"之中的紧急情况，向领导反映，向社会报警啊。

当我一提起由于环境污染，造成牡蛎死亡的问题，黄副县长未曾开口回答，就拉开办公桌的抽屉，拿出一封群众来信给我看。哦，正是那位在海边悲泣的渔妇郑珠妹要求政府照顾她家生活的申请：

……我家因土地少，主要依靠蚝业为生。今年（1986年）蚝石发展到3亩（1亩≈667平方米）多，还挂养牡蛎1亩多。为此，承国家贷款支援500元，又向私人借款700多元，并标会仔（民间的经济互助会）8名。满怀希望，收入到手，可以还清债务，还能维持全家生活。原来蚝苗生长得好，丰收在望，满心喜欢。想不到7月初旬蚝苗开始陆续死亡；7月中旬下海几次查看，蚝苗死亡越来越严重；7月25日下海全面检查，所养的4亩多牡蛎全部死亡了。我丈夫刘荣顺感到负债累累，家庭亦无其他经济来源，就失去生活下去的信心，第二天不幸服毒自尽。我家上有80岁老母，下有子女4人，请求政府照顾我们孤儿寡母的生活困难……

"大海是哺育我们侨乡人民的母亲，可是有些人却恩将仇报，正在谋害她。"黄副县长激动地说，"湄州湾是福建省一个重要的多功能海港。这里，既是一个优良的海产养殖基地，也是一个富饶的海产资源宝库，还是闽南的主要盐场。莆田县秀屿拆船厂造成的严重污染，不只是断绝了郑珠妹一家的生路，而且糟蹋了沿岸广大渔民和盐工赖以生存的家园，并且也影响到国家的海产出口创汇和盐税财政收入。"

接着许主任相当详细地向我们介绍了惠安县海岸的自然经济条件和环境污染情况。湄州湾里仅南岸惠安一个县，就有滩涂80多平方千米，浅海100多平方千米，现已发展海产养殖20多平方千米，产值约1000万元，是该县出口创汇的主要海产养殖基地，具有较大的开发潜力。这里，又是一个优良的渔场，盛产马鲛、黄鱼、鲥鱼、鱿鱼、对虾、梭子蟹等海鲜，年产3000多吨，价值约300万元。这里，还有山腰、辋川

等 8 个规模较大的盐场，年产优质盐约 14 万吨，运销国内外。

但是，自从 1983 年秋天以来，北岸莆田秀屿在此拆船，采取"倒大块，向外倒"的落后工艺，把各种油类、重金属、酸性物质、玻璃纤维等有害废物，直接排在港内；又加上拆船厂多次发生重大事故性排放，加剧了污染程度，严重地恶化了湾内的水质和底质，殃及了惠安县的海产养殖业和浅海捕捞业，并必将危及盐业生产。特别是处于拆船厂西南方向的南埔、后龙两个乡，由于直线距离最近，又顺潮流风向，受害尤为惨重。1984、1985 两年，造成这两个乡的海产养殖、浅海捕捞减产和养殖器材、渔网工具受污。1986 年湾内又发生牡蛎大面积死亡。

至于秀屿附近莆田本县的一些海岸和岛屿，当然更是首当其冲。据该县环保部门反映，那里不但牡蛎、花蛤苗大量死亡，养殖的紫菜、海带也大多腐烂了。有些渔村由于蚝石污黑，改为吊养，牡蛎也一样没有逃脱死亡的厄运。由于来到湾内产卵的鱼群毒死了不少，流刺网生产没有了；连往日孩子们常捉的梭子蟹，也都搬家不见了。

黄副县长不禁愤慨地说，三中全会以来，由于城乡经济改革有了成效，国家又对侨乡老区大力扶贫支援，群众生活刚刚有了好转，可盲目拆船造成的污染，却对惠安县湾内沿岸十几万人民的生产和生活，带来了一个致命的打击。

我感到纳闷不解：我们国家不是已经颁布了《中华人民共和国海洋环境保护法》吗？为什么这么严重的海涂污染问题，得不到及时的解决呢？据许主任说，因为拆船业成本低，赚钱快，还能弄到废钢铁，所以有些人就不顾大局，不管长远，以邻为壑。

黄副县长批评有的领导不会算大账。他说减收的出口海产，还换不回来这点废钢铁吗？更不要说，海港污染，遗患无穷了。其实，真是大大地得不偿失啊！我的那位福建朋友更为忧虑地说，前些年湄州湾对面台湾省嘉义地区也发生过由于海岸污染，造成牡蛎大量死亡的事件，我们为什么还不吸取教训呢？拆船最好到外海去，厂址设在港湾内，好比

"陶瓷店里练武艺"啊!

保护自然环境,确是一项极为复杂的生物和社会工程。如流域上游是否也有污染源,海水的化学成分和物理状况有什么变化,蚝苗本身是否发生了问题等等,当然需要多方面调查论证,加以综合考察研究,得出比较接近实际的结论,制定比较妥善的解决办法。但是"进山问樵子,下海问渔夫",湄州湾当地渔民对拆船造成污染的强烈反响,总不能等闲视之、置之不顾啊!

救救牡蛎,救救养牡蛎的人,它们(他们)可再也等不了了啊!

那位头戴笠巾、身穿短袄、向海而泣的渔妇,仿佛又出现在我的眼前。她使今天欢乐的惠安,蒙上了一层哀怨的阴影,她正在急切地等待着海岸污染问题的迅速解决。这的确是不应该发生的故事。我希望郑珠妹一家的悲剧,能引起人们的警惕,不要再做自毁家园的蠢事了啊!

狂　猫

〔日〕水上勉

日落潮退，螺贝都暴露在海边岩石上。

5个孩子在拾螺贝，其中有个女孩儿。他们都光着脚。男孩子们穿着肮脏的棉毛衫和打了补丁的棉布衫，都把裤筒卷到膝盖上。那女孩儿穿了件红色薄毛呢旧和服，膝盖处已经磨破，露出了衬里。她也撩起了下襟，掖在细得像根绳子似的布腰带上。这是个膝盖白皙的孩子，因为瘦弱，踝骨凸凸着。

舒缓的波浪不断拍打着这群晒得黝黑的孩子的腿肚子。他们手里都拿着旧罐子或圆饭盒。

比那，是一种像田螺一样的呈三角形的小海贝。孩子们正在把它往空罐子或饭盒里捡。海螺拿回家去，母亲用开水把它一焯，便当做晚饭。

四月初的海风略带暖意，海水虽还很凉，但岩石间、沙滩上的积水已经是温乎乎的了。

一个男孩儿独自爬到苔藓青青的岩石上，突然，他弯着腰冲岸上喊了起来。

"梅子，你怎么啦？"

这么一喊，站在水中的孩子们一齐朝沙滩望去，正看见方才一直在水边的那个女孩儿，两腿交叉栽倒在沙滩上。

"梅子，怎么啦？"

岩石上的孩子又喊了一声。

女孩儿没有回答。她趴在沙子上。只是摇了一两下散乱的头发。头发上沾着水珠沙粒，闪闪发光。在倒地的瞬间，她打翻了氧化铝饭盒，比那洒了一地。

"直哆嗦哪！"

另一个男孩子脚下溅起一片水花，跑上沙滩。他瞅了一眼倒在那里的女孩子的脸，立刻回过头喊叫。

"像猫那样哆嗦……"

岩石上那个孩子和附近的孩子们把装着海螺的罐子抱在胸前，都跑到女孩儿跟前来。

"到底怎么啦，梅子？"

一个个子高些的大孩子伸头看了看梅子的面容。

小姑娘的膝盖陷进沙子里，脚心朝上，微微颤抖着。她嘴唇发紫，剧烈地抽动了好几次，似乎想要说什么，但发不出声音。后来她伸开了弯曲的小手，跪伏在地，腿继续哆嗦着。嘴里好像说了些什么，但含混不清。她扭曲着上身，头耷拉着，手脚抖个不停。

"是肚子疼吗？"

这么问着，大孩子又瞥了一眼梅子的面孔。陡然他大惊失色，只见长长的口水从梅子歪咧的下唇淌了下来，像白色的糖稀一样。梅子呆滞的眸子盯着沙滩，视力已经丧失了。她呜、呜、呜地轻轻呻吟着，想把洒落的比那搋进沙子里，但手指却不听使唤。突然，她拖着口水爬起来。

大孩子那双眍进去的眼睛瞪得圆圆的，忽地转过身，哭叽叽地向山崖上的村子跑去。

缓缓倾斜的山崖上，黑色的柑橘树到处可见。乳白色的雾霭中，一栋矮小的房屋若隐若现，铁皮屋顶闪着光亮。从海滩通往山崖的坡道曲曲弯弯，掩映在石墙和青草中，顶上砌成了阶梯。那个孩子飞登而上，身影越来越小。空罐子在他腰间荡来荡去，远远地还在丁当作响。

快到铁皮铺顶的房前时，男孩子一口气跑上茶色石台阶，喊道：

"爸爸！妈妈！梅子得了狂猫病啦……"

母亲在厨房里。父亲在正房旁边装鱼网的仓房里修补拖网，他只是拿着竹梭子朝孩子望了望。母亲早已跑了出来，脸色大变。

"妈妈，梅子不好啦！"

母亲慌忙跟在孩子后面一溜小跑。当她来到看得见海滩的地方，远远望见聚成一堆的孩子们时，枯瘦的面颊剧烈地抽搐了。

梅子眯缝着眼睛，手脚一个劲儿地震颤，已经不能说话了。

"梅子！梅子！梅子……"

母亲披头散发，用饱经风浪的手紧紧抓住小姑娘的肩头。一阵剧烈的痉挛传到母亲身上，她赶紧把趴倒的梅子接在怀里。口水垂下的长丝，落在母亲的手上。

"梅子！梅子……"

母亲大声呼唤着，满是泪水的脸变得铁青。蓦地，她抱起小姑娘，向山崖跑去。母亲的红色内裙敞开了，露出膝盖，但她全然不顾，愈跑愈远。

"他爹！他爹……得了狂猫病了，他爹！"

父亲从仓房里跑出来，接过梅子。母亲伏在门槛旁，死死抱住丈夫的腿，放声大哭。

"我去找派出所！"

父亲把梅子放倒在屋里草席上。一转眼，梅子打起滚来，露出了沾满沙子的屁股，一会儿又咕噜咕噜地折起跟斗。小姑娘那双充满痛苦的眼睛里射出吓人的光芒。

母亲那仿佛要撕破村庄静谧的空气的号啕声，从阴暗的屋子里传出来，彻夜未息。

这个未满 9 岁的小姑娘，就是原因不明的可怕疾病的第一个患者。这种病，后来被称为"水潟怪病"。

梅子发病后的第 15 天，死在水潟市立医院里。咽气前，小姑娘推开护士按她的手，又是向上蹦跳，又是满床翻滚，最后在痛苦中死去。

梅子入院之后不久，医生的最初诊断是日本脑炎。她不吃不喝，而且手脚和腰颤抖不止，根本无法喂食，结果很快就出现极度的营养失调。梅子像蝌蚪一样枯瘦，脑袋显得很大，勺子似的双脚哆嗦着，一直卧床不起。第 15 天的早晨，在茫然无措的医生和护士面前，她猝然爬起来，像极严重的癫痫一般，持续发作了 1 个多小时，疯狂而死。

这情形和猫的死亡很相似。在这个地方，多年来一种被叫做狂猫病的莫名其妙的疾病袭击着猫类。猫吃了鱼或贝的腐烂部分，患上病立刻就四肢痉挛，两三天的时间便瘦得戗（音 qiàng）毛戗刺，满地打滚翻跟斗，发狂死掉。无论哪只猫，将死的时候都是半睁着眼睛，从嘴里流出大量口水。

梅子的父母平素见女儿的气色不好，便天天让她吃鲍鱼——当地有把鲍鱼入药的习俗。即使家里吃比那或小鱼，父亲也惟独让女儿吃鲍鱼。大约在发病的前三天，梅子吃早饭时掉了饭碗，重新端好，马上又掉了。因为洒了麦米饭，父亲申斥了她一顿。那天临上学时，梅子在门口曾说过草鞋不好穿，但不知什么时候她走了，所以父母也没把这事放在心上。据说，那天在学校里，她一整天都蜷缩在操场的角落里，瑟瑟发抖。但回家以后，梅子也没有告诉父母。

小姑娘在医院里发狂身死的事，被添枝加叶，变成了一种极其可怕的病症，在整个村落里散布着。

"鱼和贝里有毒，猫吃了就死，现在人也开始遭灾了。"

在这个星之浦渔村，一下子谁都不吃鲍鱼了。与此同时，渔村也不再打捞鲍鱼，因为没有人买。然而，哪里也没有确凿的证据表明鲍鱼有毒，说不定鲻鱼、黑鲷鱼、伊势虾里也都有毒呢。这种担忧，不久就由

于患者接连出现而得以证实。这给渔民们带来沉重的打击。

离星之浦大约1千米远的海湾边上，有一个叫泷堂的渔村。5月24日早晨，那里出现了成年患者，是个32岁的主妇。罹病1个月，她瘦得像只螳螂，在市立医院里死去时的情形与梅子相同，也是像猫那样疯狂而死。

消息越传越厉害。"一吃鱼就死人！""鱼里有毒！"这个主妇经常食用的那种鲻鱼生鱼片马上从村民的餐桌上消失了。

患者开始不断增加。从泷堂的主妇死后到8月初，才2个来月的时间里，星之浦有2名渔民、1名木匠，泷堂村有两名妇女（其中1名是少女），米之浦村有1名男人、2名小学生，都出现类似病状，被送进医院。

鱼毒只传染猫的看法非改变不可了。使人患狂猫病的毒素潜藏在鱼腹内。渔民不仅卖不出去鱼，而且自己说不定什么时候也会发病、发狂而死。

恐怖的消息不只是在农村里传，而且流传到医院所在地水潟市了。这是昭和31年*晚秋。

水潟市在靠近熊本县和鹿儿岛县交界处的海边。这里所说的海，即八代湾。城市正处于从县界山系流过来的水潟川的河口处，附近有大大小小的岬角伸进海里，在海面上形成道道梳痕。凹入陆地的几片小海湾宛如湖泊般平静，不见惊涛骇浪，蔚蓝的水面上总是倒映着静穆的山影。

水潟是工业城市，但引人注目的工厂却只有一家，那就是东洋化工厂。

工厂在火车站前面的椭圆形广场进去100来米的地方，是座巨大的像军舰样式的建筑。它先是以生产硫酸铵、氯乙烯、醋酸、可塑剂为主，后来氯乙烯成为主要产品。由于透明包袱皮和耐脏台布革了纤维的命，于是作为原料的氯乙烯便成了该厂发展的动力。水潟这个小小的渔

业镇升格为 50000 人口的城市，合并了周围的渔村，也不能不算是一场革命。事件发生的那一年，这个城市的 50000 市民中约有半数在该厂做工。

工厂大门威风凛凛地冲着车站，几根高大的烟囱喷着黑烟，将天空染得灰蒙蒙的。和萧条的渔村恰恰相反，这里的景象充满勃勃生机。城市里到处弥漫着从工厂放出的化学药品和电石废渣的臭气，像发霉变馊的食品一样酸溜溜的。像花粉一样飘落的石灰粉尘，给家家户户的屋顶涂盖了一层铅灰色。那臭气随风钻进各家的厨房里。

在城市背后，山峦如屏风一般三面围绕。在山脚一带散布着渔村，怪病就发生在这些渔村。出现第一个患者的星之浦，也属于水潟市范围。

熊本南九州大学医学部自发地成立"水潟怪病研究班"。他们把从星之浦村蔓延开来的患者收入附属医院，开始进行临床和病理学调查，逐渐了解到，病因似乎是在于东洋化工厂排水口附近的海湾里沉积了 3 米厚的海底泥土，其中含有汞，结果栖息在这种底泥所污染的海水中的鱼贝被毒化了。怪病患者吃鱼是仅次于猫。从只有在排水口一带的渔民中发生怪病这一点，也可以证明。

这天早晨，正当调查团与工厂方面争论不休时，有 3000 渔民举行了示威游行。有老有少，有男有女，有的人还在头上缠着白底红道的布带子。他们人人手里都举着标语牌或长条旗：

必须禁止排放有毒废水！

救救面临死亡的渔民！

还我死掉的大海！

从这幽暗的海底，有着看不见的东西正龇着牙逼来……

＊昭和，日本皇裕仁的年号，时为公元 1957 年。

岛上的鸟

洪素丽

在长达亿万年的地球地质生长期间，地壳一直是不稳定地在变化中。海洋和陆地不停地拉锯进退着，半明半晦的水陆两地带，彼此交战、重叠、撕裂、分离，种种的缠斗中，造出了巨大的地球上生命的奇迹。

岛屿的生态体系简单，生物在这孤绝的岛屿"暖房"中，实验着达尔文的"物种进化"的各种形态，展现大自然多彩多姿的创造力。

美国有名的生物学家 S. 卡格斯在他的名著《岛屿生命》一书中，特别强调岛屿物种的"歧化"现象：

以地质学观点看，大部分的岛屿在地球纪元史中，都是一个短暂的存在。在这短暂的时间里，岛屿担任了它们自己独特的、简短的、脆弱的生物演化的整套实验历程。对于这点，我们只有赞美。

渡渡鸟便是一个在火山岛屿上，物种歧化的一个有趣的例子。

渡渡鸟是印度洋上一个小岛——毛里求斯岛上土生的一种像鸽子的鸟。远在人类诞生前，这种鸟已在岛上度过悠长岁月了。它的祖先是鸽子，原是一种候鸟，而且可能迁移频繁，从大陆上抵临太平洋与印度洋中许多的岛上。它们看到果树林，一定停下来饱餐一顿，其次，有的鸽子留在岛上，为适应岛上的特殊环境而体型随之变化了。导致到后来，生物学家要费尽脑筋才能寻出一个含糊的结论："这些不同岛上不同的

怪异的鸟类，其远祖都可能是鸽子！"

渡渡鸟在毛里求斯岛上优哉游哉，岛上生物种类有限，草、种籽、浆果却到处都是，渡渡鸟的食单得到充分供应，并且它也不断扩大进食对象，在没有天敌威胁的情况下，渡渡鸟越长越大。长到 23 千克的重量！它的翅膀退化，不能飞了。

渡渡鸟不能飞，翅膀萎缩掉，因为生物体格结构不是各自为政，而是互为影响的，省掉了飞行必须耗费的能量，身体其他部分便膨大起来，双足长得又强壮又肥大，以配合变重的身体。

1507 年，葡萄牙人首次登陆毛里求斯岛，发现了渡渡鸟，葡语的"deudo"意即"蠢汉"的意思。因为不会飞的渡渡鸟根本不懂得"避敌"，它们毫无戒心，优游从容地在岛上踱步，一只给抓了，杀掉，另一只还傻傻地站在旁边看。

荷兰人在 1598 年到来时，也看到渡渡鸟，渡渡鸟也仍是亲切地欢迎这些不速之客，丝毫没有记取葡萄牙人给它们的教训。荷兰人也随葡萄牙人叫它们渡渡鸟，谑称它们是"笨鸟"。

岛屿的局限空间造成几乎每种生物都会歧变，变大或变小，比例也改变，造成岛屿生物的奇特面貌。达尔文作研究的加拉帕戈斯岛上，仙人掌和向日葵长成数丈高的树木；鱼不能游泳，以鳍在水藻中行走；乌龟脖子长到可以仰起头，撑起上半身来吃树上的叶子；响尾蛇不响尾；鸟不会飞。三毛亚岛上有一种鸽子，嘴形像哺乳动物，里面有一对上下臼齿，为的是要吃一种特殊坚硬的果核里的果仁。印度尼西亚的蜥蜴，公的长达 2.7 米，母的 1.8 米。新西兰有一种蛾，不会飞，只会像螳螂一样跳跃行走。

岛屿的生态体系定型稳定后，生物各取所需，和平共处，如果没有外力干扰，这种稳定性可能可以维持到永恒的无限未来。不幸的是，16 世纪欧洲兴起的航海冒险家，给这些隔绝人迹的岛屿带来了空前的灾难。

渡渡鸟便是在这种情况下，在1681年绝了种。

渡渡鸟的灭绝，提醒了人类对文明杀伤自然的认知，现今每回有人提到鸟种灭绝史，头一个点名的，一定是渡渡鸟。英语的一句谚语是："像渡渡鸟一样地完蛋"，意即万劫不复、无可挽回的意思。

自1680～1967年间，全世界有151种鸟种灭绝，其中90%是岛屿上的鸟。

写《寂静的春天》出名的卡逊女士在她的《海洋故事》一书中，语重心长地写道：

海岛上的本土生物，其种族都是惟一的，经过了很久的慢慢演化过程。但一经灭亡，就无法补偿，这是海岛悲剧所在。在一个理智的世界中，人们应把岛屿当做自然博物馆，这里的生物充分显出了造化的美妙和精力，而这些东西，都是没有复本的……

世界保护鸟会主席J.蒂来柯先生亦大声疾呼："我们人类在地球上应扮演领导者的角色，最好不要沦落成一名恶棍！"是的，鸟类绝种的直接因素，常常是人为的。《岛屿生命》一书的末尾也坦白道出："在荒无人烟的岛上，没有鸟会灭绝掉！"

不单纯的人为因素灭绝了鸟，也同时破坏了岛屿的生态平衡，把岛屿上辛苦完成的蓬勃生命网整个解体消灭了。太平洋、印度洋上，很多海岛已被上两世纪的水手所放生的羊、猪、猴、兔、狗、鼠啮啃践踏得寸草不生，成了不毛之岛，再也没有任何生物的存活，岛屿成了死岛。

台湾是大陆型岛屿，兰屿与澎湖应该是火山岛或珊瑚岛，都有和渡渡鸟生存的岛屿相类似的生态环境。我希望借此故事提醒读者对岛屿各种独特的生物，积极地去认识、研究、了解及保护，从而对我们整个生活环境提出检讨，对整个生活目标调整方向。保留一个鸟语花香的美丽环境，比盖多少幢观光大饭店都有价值，保留一个干净乐土给子孙，比留多少万贯财宝还可珍贵。道理很浅显，就看实践的毅力了。

迎鳄鱼文

黎　均

　　1987 年 7 月 14 日《人民日报》副刊发表了《鳄渡随想》一文，以韩愈《祭鳄鱼文》故事作为比兴，引申到今天的领导干部也应像古代的韩刺史、陈通判那样，为民除害消灾。文章的立意是很好的，可以当做以古鉴今的一面镜子。

　　我在同一天《人民日报》科教文化版上，又读了国际野生动物保护会议在北京召开的消息。我国的野生动物保护管理工作虽然取得很大进展，但是乱捕滥猎野生动物的情况仍然比较严重。保护野生动物及其栖息地，也就是保护人类自己。

　　由此，我想到鳄类这种在地球上生活了亿万年的古老的爬行动物，是已经绝灭的恐龙的近亲。现在世界上大部分鳄类已被划为保护动物。如今惟一生存在我国的只有温驯的钝吻扬子鳄了。它是中国特产的珍贵鳄类，属于国家第一类保护动物，国际自然保护组织也已把它列为一级濒危动物。

　　韩愈讨檄的鳄鱼，则是属于另一种凶猛巨大的长吻湾鳄，大约到明代就在广东沿海绝迹了。现在它们主要生活在东南亚的泰国、斯里兰卡、马来西亚等一些国家。《祭鳄鱼文》反映了唐代韩江中湾鳄袭食人畜，为害百姓的历史情景。解放后，人们还在潮州海滩上发掘到湾鳄，有人认为是马来鳄的骸骨，陈列在当地博物馆中。至于凶顽的湾鳄被韩

公的一纸祭文所劝吓远徙，那显然是浪漫色彩的民间美谈。湾鳄之所以在我国绝迹，其主要原因还是由于人为捕杀和天气转冷所致。唐朝韩愈不是用过强弓毒矢，宋代夏元吉不是还用过生石灰剿灭鳄鱼吗?

现代地球上人口剧增，野生动植物资源迅速减少，人类征服自然的力量又不断加强，社会的生产和生活活动，严重地破坏了生态环境的平衡，因此，关于人与自然关系的观念，也需相应地更新。"打虎擒鲛"，原是人们传统观念中的英雄壮举，如今却已为现代社会道德所不容。至于对野生珍稀动物操网捕之，戮面烹之，则更是为国际与国家法律所不许的犯罪行为了。在新的历史条件下，野生动物一般已不再为害于人。现在保护自然，养虎饲鲛，让鳄鱼卵育于此，与人杂处，不再为它们自己的命运流泪，倒已成为社会主义物质文明和精神文明建设的一项内容。

十年动乱期间，舞台上演出过题为《札伊打虎》的相声，塑造了一个人一口气打死两只老虎的"高大形象"；报纸上也介绍过捕杀扬子鳄，剁碎喂鸭的"先进经验"。这些，实际上都是落后的野蛮行径。我国由于过去对珍禽异兽的大量捕猎及对生态环境的破坏，不但"华南虎"的踪迹不见了，甚至连"猪婆龙"（扬子鳄的俗称）求偶的叫声也难得听到了。"拨乱反正"以后。国家已在长江下游的皖南青弋江两岸，建立了扬子鳄自然保护区。如今，夏夜在宣城附近又可以听到鼍（扬子鳄的古名）鸣如鼓了。

我觉得今天倒应该有人写一篇《迎鳄鱼文》了，因为湾鳄真的又被请回来了。近几年，中外合作，先后从国外引进一二十条湾鳄，在离韩公祭鳄不远的地方，办起了"汕头鳄鱼养殖场"，已成为当地的一个新的旅游点。

大自然的哀鸣

叶 楠

　　如果你到了连接雪山冰川下沿的高山草甸，你会看到洁净透明的天空上那轻盈的白云，似乎具有灵性，它在白皑皑的雪巅上，在水晶般的冰川上，在如茵的草甸上，不经意地悠悠飘荡，突然它会猛地下滑到褐色的帐篷上，拉起袅袅的炊烟共舞，然后又倏地去拥抱草地上的羊群，不懂事的羊羔，仰头对它嗔怪地咩咩鸣叫，羊羔还不解云朵的善意和温存的亲昵。牧羊女慵懒地仰卧在草地上，嘴里含着一根带有红花的茎，脸庞上的笑靥，就像那朵盛开的花儿，她并不是无端的笑，她是在回应天空、山川、白云、轻风，回应布满草甸的绚烂花朵、悦耳的鸟鸣；也是回应牦牛、羊群，回应草甸那头传来的高亢的拖着长长的三弯九折花腔的歌声……给予她的温馨。这一切，还包括她自己，构成明丽的和谐的世界。如果没有香喷喷的酥油茶和糌粑等待她，如果没有阿妈催促她返回帐篷的呼唤声，即使是太阳沉落下去，她还会仰卧不起，脸上漾着永远的如醉如痴的笑。夜晚，草地更加芬香，那静夜的天籁声，会与你的心声作互相彻悟的絮语，何况，天幕上那似乎伸手可触的星辰，就像是一个个会说话的笑吟吟的明亮的眼睛。在这里，你能感觉到，人是和大自然真正相融在一起的，万物宛如一个家庭的成员。

　　自然本来是包括人类的，人类和雪豹，和苍松，和岩石，和溪水，甚至于和山岚、云朵都是平等的。自然界中固然有矛盾，有竞争，甚至

于有你死我活的厮杀，然而，确确实实存在着天然的和谐与平衡。

当你走入原始的热带雨林，你就会更清楚了，你会看到，从洪荒时代至今的漫长的岁月里，大自然创造了一个多么完美和谐的植物群落——植物社会。从高大的望天树、乔木，到灌木、藤本植物、草本植物，直到孢子植物，它们极合理地占有空间。按自己的需要和方式，共同分享阳光、雨露、大气和土壤的恩惠。望天树有高与云接的树冠，固然得天独厚，但它毕竟不能遮蔽所有的阳光和雨露；藤萝靠它的攀缘技能借助乔木的躯干，延伸到高高的树冠顶端，去争得更多的日照；喜阴植物，乐得在众多如华盖般的树冠下，得到遮掩庇护；寄生植物和寄主共同和睦相处而生存，有些是互惠的，有些是纯赠与的，另一些则是纯受惠的，但都没有怨言。很多种热带兰花，只要能有一个落脚的方寸之地，就可以了，哪怕它的种子由鸟随便带到一个高高的树杈上，或树洞里，它就能发芽，抽出叶片，开出鲜艳的花朵来。不但是兰花，就是粗大的乔木，并不埋怨地面拥挤，缺少扎根的土壤，它们干脆把根伸到空气中，到处飘拂着细根须的气根，直接从大气中吸收水分和营养。它们各得其所，共存共荣。这些植物，不断以新叶代替旧叶，花朵谢了又开，开了又谢，果实抛落了又结，不停地繁衍后代，新生代替死亡，它们的残体化做腐殖质，贡献给大地，滋养它们自己和群落，过剩的还委托充沛的雨水，带到林外的田间，哺育禾苗，给人类提供充足的食粮。所以，在原来的西双版纳，傣家的耕地，不需要施肥，它就是天然的沃田。傣家把那有浓密的莽莽苍苍的雨林的山，称做神山，砍伐神山，是严格的禁忌，他们以神的威力，来保护雨林。傣家从来都是守着原始林，在自己的村寨旁，像种植菜蔬一样，种植薪柴林，定期砍伐，作家用燃料，而不取山林一草一木。

从热带雨林，你就可以看到，这是一个自给自足、和谐的世界，这里的植物之间的生存状态，确是相对和谐和平衡的。你如果再仔细观察，这些植物和动物、非生物之间，也同样是和谐和平衡的。你甚至于

惊叹，这里或许有一种神奇的力量，在极科学地安排它们的相互之间的生存关系。它既是天然的浩大的水库，又是防止水土流失的钢铁般的天然的藩篱。遗憾的是，当人类还没来得及探索清楚这个雨林世界的内涵，它的奥秘，还有那神奇的力量时，雨林就被毁灭了！

这只是谈热带雨林群落，其实，地球本身原来是个完美的和谐的整体，当然，它并不是一开始就是如此的，是在漫长的时间里，由自然界自己刨造的，从某种意义上讲，万物创造了自己的生存环境，形成高山、平原、沙漠、莽林、湖泊和河流……比如说河流和湖泊，如果没有从源头开始直到终点的茂密的植被，就没有固定的河道和边界，就没有河流湖泊的清澈和充盈，也就没有受其恩泽而膏腴的土地，甚至于也就没有河流和湖泊本身，河流和湖泊与它们相关联的生物和非生物，是相互依存的、互惠的。仅这一项工程，要人类的力量去完成，将是不可能的。就像我们现在还只能去观察苏梅克—列维九号彗星撞击木星，而不能阻止它。还比如，那高原上参天的云杉、冷杉、高山松等，组成的像兵团队列般的针叶林，它们的美和强大，令你赞叹。但是，你仔细想想，在这长年风雪交加的高寒地带，最早，它们的幼苗是怎样成活的？它们得以成活和成林，是一个奇妙的过程。我问过很多高原土著，就在这种地域，人工去栽培这些针叶林，会有什么结果呢？回答是，根本无法育活它们，哪怕只育活一株。这些针叶林不但护卫着山川，护卫它们所在高度以下的阔叶林、灌木林，直到某些地方（如藏东南察隅河谷和滇西北独龙江河谷低海拔谷底）的亚热带、热带雨林的繁茂，也护卫雪山本身，也就保存了万物生长需要的珍贵的洁净的水。如果祁连山没有了白色的雪巅，也就没有了河西走廊的绿洲。不幸的是，很多雪山，由于失去绿色的屏障，雪线在逐年升高。这是危险的凶兆！

人们常常奢谈改造自然，我认为，这是自欺欺人，是狂妄，人类的力量对比于自然，还微弱得很。

自然当然也有自我完善和弥合创伤的能力，天火可以焚毁森林，然

而在烧成灰烬的林地里，再生森林仍然可以重现。草原，只要不过度放牧，它不但可以保持它的茂盛，还可以延伸扩展它的领地。自然状态，草原和食草兽的数量，是相互制约的。但这需要给予它喘息、休养生息的极其漫长的岁月。

而恰恰是人类数量的膨胀，人类对物欲的无止境的追求，强制性地破坏了自然的和谐和平衡，而且是愈演愈烈，频繁地重复。人类所谓开发自然，对于遥远的后果来说，几乎都是带有盲目性的、自私的、短视的。

在怒江峡谷七八十度的峭壁上，原来是密集的植被，组成坚固的绿色的墙垣，它加固了陡峭的坡面上的泥土，把咆哮的怒江，囿于峡谷中，一泄千里。它的存在，对于我国西南，无论是从气候、动植物生存，都是不可缺少的。但是有人只是因为索取微薄的甚至于有些年成连种子都收不回来的一点包谷，砍伐和焚烧了这些植被。旱季的怒江，现在只有混浊的细流，雨季则暴烈泛滥，一面面峭壁倒塌，有些地段沿岸几乎已无人类生存的立锥之地了。那怒江塌陷的岩壁，将继续塌陷，它终将成为一条裹着泥石流漫野随意流淌的江河。在这里，你会一目了然地看到，人类对自然残酷的掠夺，造成自然对人类同样残酷的报复。

得天独厚，我国有很多落差很大的江河。为了得到廉价的电能，各地对于修筑堤坝，建造水电站，都是极热衷的，但是对恢复和营造植被，却没有这样的热情。没有了植被，天长日久，大地流失的泥沙充塞了河道，旱季无水，雨季桀骜不驯，既得不到你想得到的电力，还会有难以解决的困扰，那水电站将成为废置的建筑，在那些地方，你可以看到人的尴尬和无奈。

每年为了防御水灾，想到的是加筑堤防，建造蓄水、分洪等水利设施。暂不说这些水利设施产生的物理的、生态的效应。看一看黄河，你就会知道，仅是加高堤坝的结果，黄河已成为一条年年升高的架在我们头上的悬河。黄河和所有江河上游和沿岸广大地域，没有大面积森林，

根绝水患是不可能的。去看看呼伦贝尔草原上出现的黄色沙化带，你就会感到触目惊心！大小兴安岭的森林如果继续砍伐，森林消失了，连现在尚存的呼伦贝尔的绿色草原也再不会存在了，松辽平原也再不会有肥沃的黑土地，水患也就永不会终了。

人类确实有能力轻易地戕害自然，使它遍体鳞伤，气候变得恶劣，环境变得肮脏，一种又一种致命的病毒出现了，物种大量绝灭，灾难接踵而来。人类甚至于还掌握了毁灭地球的手段。但是，却没有掌握使自己毁坏了的自然，得到改善、恢复和达到新的和谐完美的方法。比如，人不能使灭绝的物种再生，连让长江重新恢复它的清澈，也很难，即使可以，也要经历几代人的努力。问题不仅如此，人类目前在行动上，仍然不给自然以自愈的机会。结果终有一天，受伤害严重的自然，失去了可逆的复苏能力，人类和自然都陷入绝境。

那么，人类在生存发展中，一定要保持原生态而不能有所触动吗？当然不是的！而是，当人类每向前迈一步，都要审慎，不仅要考虑全人类的利益（这个看来很伟大的词汇，在对待生态问题上，是不全面的），而且要为整个自然界的利益思考和行动，因为自然界是一个相互联系的共兴共衰、共生共灭的整体。我还想以热带雨林为例，很多国家，轻易地将雨林毁掉（且不要说毁掉的是我们已经知道的和尚不清楚的珍宝），为了种植单一的经济作物，如橡胶。以树林代替树林，似乎是可以的，但是，单一的植物林，生存变得困难起来，它不能抗御病虫害的侵入，不能抗御气候的变化（由于植物群落的变更，气候也变得恶劣起来），失掉了原有保持水土的能力，也使土地（包括周围的土地）变得贫瘠。人们不愿（由于急功近利）或没找到合理的取代形式，就取代雨林，不可避免地酿成灾祸。在其他领域也一样，轻率地"改造"自然，大多都是获得这样的弄巧成拙的结果。

难道没听见吗？那干旱土地龟裂的断裂声！被灼焦的树叶在焚风中的呻吟声！被浩浩洪水冲卷的生灵和非生灵的哭号声……还有无林可

栖，无枝可依的所剩无几的斑斓猛虎、梅花鹿、雪豹、羚羊、羚牛、飞龙、朱鹮……它们在绝望地哀鸣！这既是它们的悲哀呼叫，也是向人类发出的警号！它警告，没有它们的存在，也就没有人类的存在！它警告，人类应该幡然悔悟！再不能为眼前的区区小利，而毁掉了自己生息繁衍的空间环境！危机迫在眉睫！

二十四片犁铧

周 涛

拖拉机牵引着的 24 片犁铧宛如一组编钟，远远行进的时候看上去却像一只多脚的黑蜈蚣。它来到了处女地上，它的任务是把游牧者世世代代牧放畜群的草原犁为田亩，耕耘播种上铺到天边的麦子。

拖拉机以坦克那样沉重、不容商量的样子行进着，它的履带的钢齿辗过覆盖了绿草鲜花的草原，像一个性欲强烈的蛮横的男人在少女的胴体上留下的牙印。它是粗暴的、阴郁的，它在某种性欲表象之下执行着一种冷漠的钢铁般的命令。它对草原的强暴里不含有一丝一毫的性成分，没有一点一滴的热情和冲动，更不含有玩弄和欣赏，它是严肃地、一丝不苟地强奸了草原，破坏了巩乃斯草原与牧人之间保持了很久的青梅竹马之情而后仍然保留着的贞操。

这是一次可怕的耕耘和播种，它所含有的性质里隐藏着不易被人意识到的破坏的恐怖。它比烧杀抢掠更阴险蛮横，然而它完全不像烧杀抢掠那么容易判断，它的罪恶感是极其隐秘的。这是一次在耕耘和劳动这种旗帜下的庄严的破坏。

24 片犁铧降下去了。

24 片犁铧深深地插入了草原，切割的声响像某种疼痛的撕裂声，尖锐、短促，被压抑着；团团纠缠于土壤之下的草的根系，像散乱蔓延的湿润长发似的，被切断；犁铧切断每一根草的根须时，都发出一声细微的、脆裂的声响，就像斩断一根神经时那样。

拖拉机猛地顿住了。它遇到了一种从前未曾遇到过的阻力，24 片犁铧在插进土地之后被紧紧夹住，所有的根系组成土壤里的网状防御体系，抗拒着犁铧的推进。

拖拉机喘息了一阵，重新调整了一下力量，发出猛兽的咆哮声，向前拱动。它不相信有什么能够阻挡住它。

24 片犁铧前进了。从每一片犁铧倾斜的一侧，升起一股喷泉般翻动的波浪，褐黑色的土壤的波浪。波浪均匀地从 24 片犁铧的角隙间升起，组成一片整齐的舞蹈，起伏跳跃，训练有素，如同正在表演的少女团体操。

看起来是非常优美、非常欢快的呀！

拖拉机顷刻之间沉在草原里，变成了大海当中的一只旧驳船。它深陷着，缓缓移动着，有时候甚至给人以可能沉没的感觉。在它身后，24 片犁铧拖拽着一个波浪跳跃的方阵……

草原被切割的声音渐次变为有规律的呻吟，而且渐渐将这呻吟转化为一种低声部的合唱。处女地最初的痛苦、疼痛、尖叫和呻吟消失了，在这低声部里，似乎渐渐有了一点舒畅或欢快。

24 片犁铧组成的垦殖器带有明确的使土地怀孕的目的，在每一叶犁铧切入的部位，都有一个钢管向土壤注入了麦种。麦种是经过挑选的，颗粒饱满、圆润，它们将准确地进入草原的褐色壤层，潜伏下来，在季节的旗语召唤下集体哗变，奇迹般地改变草原的肤色！

24 片犁铧昼夜兼程，无所顾忌地前进。它们是由一股强大的力量所牵引的，24 片犁铧是 24 柄开刃的刀斧，锋快而且有力，比任何刽子手都要无情，比历史的车轮还要不管三七二十一，比军队执行命令还要坚决。

对它们来说，一路上剖开大地的肌肤，切断草的根系，有一种快感。对于天然锋利坚硬的东西来说，切断别的东西恰恰正是它的生存价

值，是它的用途。正如对于斧头来说，砍伐是它的使命，对利剑来说，刺杀是它的天性。

24片犁铧在草原处女的肌肤里切断的远远不止于潮湿的土壤和花草的根须，在它们强有力的锋刃前，掀翻了的是整整一厚层牧草掩护下的世界。这是真正淋漓尽致的大颠覆、大屠戮！

草丛中有着不少的大雁、天鹅、叫天子、呱呱鸡之类的各种禽鸟的窝巢，有待孵的鸟蛋和刚刚孵出的雏鸟，这些以后会飞但现在还不能移动的生命，遇到了不可躲避的劫难。24片犁铧的锋刃轻易地把它们一劈两半。

还有蛇，它们的身体被腰斩成数段，在翻耕开的波浪中扭动着，痉挛着，每一段都妄图找回另一截接上。它们在这种欲望的驱使下挣扎、移动，寻找自己生命的另一部分。

还有田鼠的一窝肉红色的后裔，还有蚯蚓的庞大家族，还有更多的甲虫、昆虫的逃难者队伍……它们全都面临灾难，如同人类不期面遇地撞上了战争，眼睁睁地看着那24片神秘可怖的犁铧迎面辗压过来，把它们苦心经营的乐园一劈两半！

24片犁铧如同宿命一般降临，毁灭性的打击如此突然。无从躲避，无从防范，只有任其屠戮。这些小生命在毫无准备的情况下被一个庞大的事物非常偶然地毁灭。深刻的悲剧还不在于此，而在于庞大的事物并不是专门为毁灭它们而降临的。它们完全无辜，但是它们却遭到了灭顶之灾。

真正的悲剧正是这样的。

被翻耕过的土壤陈列在犁铧的后面，大块大块、大片大片，像是一整块海面上凝固的波浪。壤块裸露出来，被切断的根须也暴露在光天化日之下，显示着被宰割后的程序。土壤的秘密暴露无遗，它们躺在阳光下，散发着自身的强烈芬芳的新鲜气味儿，无可奈何。

在这些翻耕过的土块上，各种被切割的小生命，有的像战争后的伤

兵那样蠕动着，有的则成为尸体半掩在土块里。

24片犁铧继续推进，它不管这些。但是不知是什么时候开始，24片犁铧的上空聚集了大批的鸟群。鸟群低低地盘旋、鸣叫，紧紧追随围绕着犁铧，仿佛是海鸟追随船尾组成的护送仪仗队。

鸟群越集越多，乌鸦、大雁、鹳、天鹅，还有成群的白鸥和各种鸟雀，鸣叫并盘旋，飞起复落下。在它们的鸣叫声和动作里，有着兴奋焦急的情绪。

它们是来争食那些翻耕出来的小动物的，也是来翻食那些刚播下的麦种的。翻耕过的土地成了一席摆给鸟群们的盛宴。

日日夜夜，它们飞去又飞来，不知疲倦地追随着犁铧，变得越来越大胆、越来越寡廉鲜耻，越来越不像鸟。尤其是那些外形高雅优美的大鸟，它们穿着那样洁白整齐的羽毛，却啄起一条蛇飞向空中，或者凶相毕露地在壤块间追杀一只伤残的小田鼠。这时候，所有的鸟原形毕露，露出了一个生命凶残贪婪的一面。

唉，生命就是生命，再美丽的生命也有丑陋的那一面。所有的生命在本质上是同等的，美具有欺骗性。

24片犁铧依然昼夜兼程，在春天的整整一个月的时间里，它不停顿地推进，从草原的这一头一直犁到了天的尽头，它像一艘沉重缓慢的驳船，老也不停地行驶着，只有鸟群日日夜夜追随着它。

辽阔的草原以及草原上的栖息者们承受了这一划时代的灾难，无声无息。除了马达从远处传出的低沉轰响以外，这里的一切都如过去那样宁静、寂寥。

直到有一天，拖拉机犁遍了周围的草原，使一座哈萨克人的白毡房成为仅存于翻耕土地间的一块礁石、一个孤岛。凶猛的牧羊犬激烈地抗议着，围绕在这只长了24只脚的陌生怪兽周围跳跃、咆哮，牧羊犬的叫声激愤而狂怒，同时含有恐惧。

一个哈萨克老妇人从毡房里出来，她一手拄杖，一手牵着小孙子，在离毡房两米处站定。她一言不发，面色冷峻，她看着眼前发生的这一切，自始至终沉默着，没说一句话。

草原上的风掀起她的白发，露出她的额角上一道道苍老的皱纹。她向 24 片犁铧投过一道目光，那目光里凝缩了 70 个冬天的寒冷！

那不是愤怒，而是藐视。

那样一个眼神扫过之后，24 片犁铧突然不再闪闪发光，它们在一瞬间变得铁锈斑驳了，好像一指头就能弹碎。24 片犁铧可以剖开草原的肌肤，劈斩无数种生命，切断草根、土地和顽石，但是它受不了这位老妇人沉默而又寒冷的目光，它受不了这种无言的、高贵的藐视。

游牧者的异样的沉默间的一瞥，使 24 片犁铧像 24 颗苍老衰弱的牙齿一样可怜。

邻居的"馈赠"

陈中原

2000 年，我国科学家发现，喜马拉雅山上的皑皑白雪被来自海湾的油烟熏黑了。这是怎么回事？有人说，这是围绕地球作环球运动的西风带捣的鬼。确实是的！它经过海湾时带上了海湾的浓浓烟雾，流徙到将近 2000 千米以外时，遇到了喜马拉雅山脉的阻拦，自然而然地把白雪染黑了。

2000 年，风还把印度尼西亚农场烧毁芭蕉林的烟雾吹到了马来西亚、新加坡和文莱等国；十几年前，苏联的核电站爆炸，空气中的放射性物质随风污染了瑞典等北欧多国；50 多年前，英国高烟囱冒出的煤烟刮到了二三千米外的法国、西班牙等国。

世界是一个整体，用现在时髦的话来说，我们都生活在地球村里，大家相依为命，你这一户污染了，就可能影响到别的户。任何地方的空气污染都具有极强的国际性，因此，引发了许许多多的国际争端。加拿大长期以来一直指责美国：北方发达的工业给美国创造了财富，却给加拿大带来了灾难，煤炭烟雾不但污染了加拿大的天空，而且玷污了加拿大的河流湖泊。法国、西班牙等国家以前不断指责英国的高烟囱政策；瑞典等国呼吁乌克兰关闭苏联时代建造的核电站；面对南极天空的臭氧大窟窿，面对全球气候的恶化，发达国家和发展中国家相互指责……

2000 年，罗马尼亚金矿里的废物污染了多瑙河。由于多瑙河是一条国际性的河流，因此灾难很快变成了国际性的。几年前，海湾战争中，许多油井被炸，黑色的金子顷刻变成了黑色的国际性污染，滚滚石油潮水般地从科威特涌入波斯湾，染黑了沙特阿拉伯、巴林、卡塔尔、伊朗、阿曼等沿岸国家的海域。黑潮经过阿拉伯湾，污染了印度洋乃至沿岸各国。

水污染更是这样的，无论是河流污染，还是湖泊和海洋污染，随着水的循环运动，必将危害其他国家乃至全世界。特别是法国、英国和美国在太平洋岛屿上进行了大规模的水上和水下核试验，巨量的核放射性物质，不仅仅污染了比基尼等岛屿，严重危害着这些岛屿上土著居民的生命安全，而且污染了整个太平洋。随着海水的流动，核放射性物质扩散到了全世界各个海洋。毫无疑问，只要吃海产品的人，无论是黄种人、黑种人还是白种人，都不同程度地遭到了美国、英国、法国等国核试验释放的放射性物质的伤害。

贸易的世界性，促使许多地方疾病的国际化。随着国际贸易的发展，疯牛病、二恶英从英国、法国流窜到了欧洲、北美洲、拉丁美洲和亚洲。随着新的世界贸易框架的形成，全球贸易风更加强盛，越来越多的商品成为国际贸易对象。无论是大米、小麦、土豆、玉米，还是衣服、汽车、飞机、轮船、计算机、火箭等等都成为世界性的商品。随着食品、服装、飞机、轮船、计算机的进出口，越来越多的恶性病菌、毒性物质、固体垃圾等传播到了世界每个角落。

污染侵略是目前世人普遍关注的一个问题，并已成为各国环境保护运动的一个重要方面。

卫星上天，地球村概念诞生，而且越来越深入人心。我们拥有共同的天空、共同的土地、共同的海洋。天空是世界的天空，土地是世界的土地，海洋是世界的海洋。无论是空气、土壤，还是水，都处于不断运动之中。伴随着全球性的运动，地球村任何地方的污染都会成

为世界性的污染。

因此，警惕自己的行为、关注他人的行为对环境的破坏，应该成为我们人类行为的坐标、科学的信仰。世界属于我们，我们更属于世界。

山姆大叔向大闸蟹宣战

阙维杭

1998 年夏秋之交，美国加州各大媒体发出的一则新闻必定令大多数在美华裔感到匪夷所思。消息称一种鉴定为"中华绒螯蟹"（Chinese mitten crabs）的螃蟹已在北加州的江河湖海泛滥成灾，为害不浅。电视屏幕上的画面展示了这样的场景：这种被一篓篓倒出来的成千上万只螃蟹正在成堆挤压，双螯舞动，最后都被庞大的压路机碾个粉碎。电视解说词说：这种自行繁殖的毛蟹危害鱼类、戳破捕虾网、阻塞抽水泵，并对防洪堤坝造成严重威胁，因而加州渔猎委员会发出对中华绒螯蟹格杀勿论的法令。

经查考，所谓中华绒螯蟹就是令中国饕餮客垂涎欲滴的美味佳肴大闸蟹，比之美国市场上各种梭子蟹、青花蟹乃至大龙虾的味道不知要好上多少倍，如今却被碾成粉酱，实在让人有暴殄天物之感，让中国国内的老百姓知道肯定又成了新天方夜谭。据说大闸蟹最早是 20 世纪 80 年代为满足在美华人口腹之欲而从中国进口的，不久就被美国环保部门以保护生态环境为由禁止进口，不料在早几年进口运输、销售途中溜之大吉的少数大闸蟹，一回归大自然，竟在美国的江河湖海安家落户，其迅猛的繁殖竟然到了让美国人如临大敌的地步。

加州对大闸蟹格杀勿论的法令还禁止任何人运送或拥有活的中华绒螯蟹，违者处以 750 美元以上罚款。因此连华人想自己捉螃蟹都是非法

的，只能眼睁睁地看着美味被当局斩尽杀绝碾压弃之。虽然已有华商向加州渔猎委员会提出能合法捕获大闸蟹的许可申请，保证把捕获的活蟹在严密的防范措施下运回亚洲出售，可谓两利双赢，不过要通过有关当局繁冗的认证，费时费力，短期内并不乐观。也许，这还关系到不同的国情，要教会美国人懂得品尝大闸蟹的美味更不容易。

其实，大闸蟹在美国的命运，只是美国人为保护本土生态所采取一系列行动的小小插曲而已。从生态保护学的角度看又绝对无可厚非。克林顿总统1999年2月3日就正式向数以千计入侵美国的外来动植物宣战，因为这些不速之客破坏了大片的森林草原，令许多美国本土的鸟类、鱼类濒临绝境。

克林顿的宣战声明称："这些非本地的动物和植物破坏了自然界的平衡，反客为主地排挤、灭绝了本地物种，造成严重经济损失，改变了我国的景观。"克林顿总统并指令联邦农业部、商务部和内政部，在18个月内制订出对付外来生物的详尽计划，同时要求国会追加2900万元预算用于该计划的开支。

整个美国都紧急动员起来了，可见这真是一场非同小可的严峻的战争，战场就在美国本土的各个角落。

新大陆果真是得天独厚的人间天堂么？不仅全地球村每一个村落的居民都甘于、勇于向这里合法、非法地移民，连宇宙万物中的各种动植物也竞相到这里落户，最终爆发了连美国总统都不敢掉以轻心的人与动植物大战。

据不完全统计，美国现共有2300多种外来动物和4000多种外来植物，其中仅有极少部分是当局有意引进的，比如早在1890年从国外乔迁纽约中央公园的椋鸟；而绝大部分外来动植物都是非法偷渡入境，并形成骚扰、危害、破坏整个生态环境的局面。因此称之为"入侵"也不为过，美国要向入侵者宣战，当然更是言之凿凿。

这些成千上万的各类生物入侵者，从中华绒螯蟹到亚洲长角天牛，

从墨西哥棉铃象甲到里海、黑海的斑马纹贻贝，应有尽有。它们或躲在毫不知情的旅客行李中，或躺在进口货物的集装箱里，或依附于外国船舶，不约而同每时每刻从世界各地免费搭乘飞机、轮船、汽车入境美国，对这个经济、科技和军事大国构成严重威胁与后患无穷的麻烦。

据估计，外来动植物每年使美国纳税人花费 1230 亿美元的冤枉钱；在美国 958 种濒临绝种威胁的本土动植物中，有一半数目的下降直接与外来入侵者有关。只要有 0.0667 公顷地的森林毁于火灾，就会有 0.0334 公顷地森林遭到入侵野草的摧残。

在蒙大拿、北达科他、南达科他和怀俄明州的大片牧场，牧场主们对原产于欧亚大陆的"乳浆草"束手无策。这种根部发达，根须长达 7.6 米的入侵野草肆无忌惮地扩张蔓延，每年对牧场的破坏价值达 1.44 亿美元，无可奈何的牧场主们只得被迫放弃可放牧 9 万头牛的 66700 公顷牧场。

在五大湖区，源于 1988 年因一艘远洋货轮在密歇根州圣克莱尔湖卸压舱底水之际而开溜的偷渡客——斑马纹贻贝（即斑马河蚌），以指甲般大小的身躯迅疾繁殖，很快堵塞了整个湖区的进水管道，每年造成损失逾 30 亿美元。另一种名为七鳃海鳗的外来生物，也使河鳟及五大湖其他鱼类遭到灭顶之灾。

来自澳大利亚和巴布亚新几内亚的棕树蛇，在溜进关岛后已使岛上 11 种鸟中的 9 种灭绝。联邦官员们正担心这种棕树蛇很快游进夏威夷，而夏威夷州四分之三的土生土长鸟类业已被入侵生物消灭，282 种濒危动植物中 95% 时时受到外来动植物的威胁。

从加利福尼亚州到缅因州的全美国 42 个州的沼泽地里，数不清的欧洲甲虫吮吸干了树木的液汁，大量珍稀植物毁于一旦。

包括伊利诺斯州在内的 8 个州的森林遭到亚洲长角甲虫的侵犯。就在克林顿发出向外来动植物宣战书的前一天，芝加哥组织人力砍掉了上千棵树，只是为了阻止大施淫威的这种亚洲长角甲虫的扩散。农业部部

长葛里克曼表示："一旦感染上这种亚洲长角甲虫，一棵树、一片森林就完蛋了。"

从欧洲非法入境的大西洋绿蟹长驱直入到美国盛产牡蛎的维拉帕湾，每年吃掉小牡蛎无数，造成上千万美元的损失。来自欧亚的柽柳生命力旺盛，吸干美国西南部沙丘地带的泉水，令当地的珍稀动物小猫头鹰无处栖身。一种亚洲的沼泽鳗，吃光了乔治亚州湖塘里的太阳鱼；墨西哥的棉铃象甲，则使美国棉花种植业每年损失 130 亿美元。

……

入侵美国的外来生物兵种繁复、各怀绝技、武艺高强、斗志旺盛，以游击战、阵地战的方式，全方位、地毯式地鲸吞蚕食了美利坚的大地、河流、湖泊、海洋和天空，让本土无数缺乏免疫力的珍稀动植物难以招架、溃不成军、束手待毙。这场原本属于自然界的争战终于令人神共愤，让看重环境生态保护更重于生命的美国人揭竿而起，奋力抗争，演变成了人与自然、保护自然者与摧毁自然者之间的战争。

这场旨在消灭生物入侵者的狙击战正全方位展开，它甚至具有更广泛的全人类的警醒意义——在我们这个资源消耗日渐衰竭的地球生态圈，在人与自然息息相关的大环境，人和大自然、人与动植物以及动植物之间如何和谐相处、和平共存，这实在是全人类如何保证和提高生活质量的命题，考验着人类的智慧、情感与理智。

莼鲈之思

黎先耀

暮春时节，我应杭州大学的邀请，回到故乡讲学，同常做梦中游的西子湖，又有了朝夕相见的机会。

前次回杭州，没有尝到西湖醋鱼，不免耿耿于心。这次，特意踱过西泠桥，到楼外楼午餐。我要了一盘醋鱼，又点了一碗莼菜汤。服务员脸上堆着歉意的笑容说："鱼倒有，就是莼菜缺货。"

对这美中不足，我觉得奇怪。"花满苏堤柳满烟，采莼时值艳阳天。"现在不正是吃莼菜的时令吗？现在不吃，过些日子不是只好喂猪了？莼菜是睡莲科的水生植物，含有维生素 C 和微量铁质，不仅营养丰富，鲜嫩可口，而且还有清热治疮的效用。旧日穷家的孩子，放学后总要跑到野外去找点菜来吃，如挑荠菜、马兰头，或钓虾、摸螺蛳之类。其实投入大自然的怀抱游玩的成分，也许更多一些。我还记得儿时同小伙伴们一起，到苏堤一带来捞莼菜的情景。桥边漂浮着一片片翡翠般盾形小圆叶，挺出湖面的柔茎，顶端开着一朵朵紫红色的细花。我们一个个绾起袖子，伸手到水里捞摘还没有舒展开的莼菜嫩叶。两头尖尖的莼菜叶卷，滑腻如脂，好像一支支碧玉簪。我把莼菜用荷叶包好，塞进书包，高高兴兴地带回家交给妈妈做汤喝。我家虽然没有好荤汤，只能煮点螺蛳肉，可是那碧绿、柔滑而又清香的莼菜，至今仍然令我津津回味哩！

离杭前夕，在旅舍同住的一位水生生物学家，约我一起去察看西湖的生态环境。我们乘着汽艇环湖巡行。放眼四顾，我才发现：这座天堂城市虽然青翠的峰峦，还如白居易诗中所夸的"山名天竺堆青黛"，可是混浊的湖水，已不是"湖号钱塘泻绿油"的景色了。苏东坡也曾把西湖比之杭州的眉目，可惜这眉目也不似往昔那般清秀传情了。

我问同游的这位环境保护专家，郭老1959年游西湖时，不是还吟咏道"雨后四山净，湖开一镜平。霞光映碧波，水色入心清"吗？怎么清澈潋滟的西湖，如今会变得这般混浊晦暗了呢？专家用双手从船边掬起一勺泛红发暗的湖水给我看，"你瞧，这里的湖水透明度低，是因为蓝藻生长旺盛的缘故。现在西湖由于污染，不断流入含氮、磷、钾养分的脏水，加快了富营养化的过程，浮游生物大量繁殖，所以变得混浊不清了。"

这些年来西湖生态平衡的破坏，除了因为游客增加，排入湖内的污物也随着增加以外，还由于放养了过量的青、草、鲢、鳙四大家鱼。特别是鳙鱼，杭州人叫包头鱼，投粪便喂养。西子蒙此不洁，更增加了水里的有机物质，藻类由此得到了丰富的营养，也就生长得更为迅速了。再加上青鱼的主要食物是螺蛳，减少了吃藻类的螺蛳，也给藻类繁殖创造了更为有利的条件。由于藻类的生活呼吸和死亡分解，都要消耗大量的氧气，影响到正常的物质循环，降低了湖泊自净的能力。

我们的汽艇沿着桃柳成阴的苏堤缓缓行驶。迎面划来一只小船，船上有人在向湖里倾倒什物，我以为又是在给湖里的鱼投掷饲料呢。靠近了才看清楚，他们一篮一篮，哗哗地往湖里倒的是螺蛳。原来放养螺蛳，是西湖管理部门所采取的抑制藻类过分繁殖的一种生物治理方法。我打趣说："往日和尚放生是迷信，如今我们放生可是科学啊！"引得艇上的人都大笑起来。

汽艇进入里湖，接近"曲院风荷"，还是既没有看到"无穷碧"的接天莲叶，也没有见着"别样红"的映日荷花。也许这是还不到6月的

西湖风光吧！稀疏的莲叶间，矗立着几枝秃笔般含苞的荷花。还是驾驶汽艇的老船夫告诉我们：如果不是去年湖里加了铁丝网，也许连藕都叫草鱼啃光了，今年也就不用再想赏荷了。这时我才恍然大悟：连茁壮的荷花都叫草鱼吃掉了，那娇嫩的莼菜，当然也就难以幸免了。

我惋惜地向同伴谈起自己的心事："鱼，我所欲也；莼菜，亦我所欲也。看来，这二者是难以兼得了。"他似乎安慰我说："生态平衡是一门很复杂的学问，可是只要运用科学，处置得当，鱼与莼菜也不是不能兼而得之的。治理西湖，自古至今，人们已经积累了丰富的经验。这条苏堤不就是当年苏东坡主持疏浚西湖时，利用葑草和淤泥堆筑起来的吗？"他指着远处巨蟒般伸入湖里的挖泥船的吸管，接着说："现在我们继承和发展了这种以疏浚为主的维护湖体的方法。当然，我们还要深入调查研究，采取综合保护自然的新的科学技术，使得'淡妆浓抹总相宜'的西子湖，在我们的照料下变得更为美丽动人。"

说到莼菜，我很自然地就想起了鲈鱼。这次我从杭州到上海华东师范大学讲学，碰见那里生物系的一些师生。他们为编写上海动物志，刚从郊区采集标本回来。一位女同学神秘地打开浸泡了福尔马林的药棉，给我看她采集到的珍贵标本——列入中国四大名鱼的两条"松江鲈鱼"。那短小而肥圆的黄褐色鱼身，左右鳃膜上各有两条朱红色的斜条纹，真好像是四片外露的鳃叶一般，因此这种产于松江的杜父鱼，人称"四鳃鲈"。她天真得意地对我说，大家提灯捕捉了一个晚上，只有她在秀野桥附近，幸运地网到了这两条。

这又使我感到诧异了。"江南三月鲈鱼美"，鲈鱼冬季游向海口去产卵繁殖，夏初返回江里来生育育肥，现在不也正是捕鲈鱼的好时节吗？我忘不了解放前在上海读书的时候，我们党领导的地下学联的几个同学，挤上了一列慢车，避到一个松江同学家里，去商量罢课游行的往事。那是一户渔民。我们聚在河边的小屋里，整整讨论了一夜。天亮老伯打鱼回来了，他那小小的船舱里，装满了还在跳动的松江鲈鱼，足足

有十几千克。伯母夜晚为我们望风，清早又用蕨菜笋片烧四鳃鲈，款待了我们。鲜美的鲈鱼，加上渔家的深情，成了我难忘的美好回忆。

鲈鱼怎么也和莼菜一样，从大众的食品变成了希罕的佳肴了呢？带领采集的一位老师分析道：一是松江地区的工业，对河流的污染相当严重；二是江上修建了挡潮闸，使得"老大离家少小回"的鲈鱼苗，很难游归故乡了。

此刻秋风已起，我也不免和晋时周庄人张翰那样，引动了对"莼羹鲈脍"的深切思念，可是，我这并不是乡愁，而是生态之忧。希望"莼鲈之思"这句古老的成语，不要真的变成既是思念故乡，又是忧怀濒危生物的新双关语。

天怒人怨的噪音

吴德铎

20 世纪 50 年代，美国出现过这样一件骇人听闻的事：一架超音速飞机掠空而过，下面站着 10 个人，虽然他们紧捂双耳，结果，飞机是飞了过去，这 10 个人的生命也成了过去——都被超音速飞机的噪音所击毙。这是怎么一回事？这是为了一笔奖金而自愿作试验品的可怜虫的下场。死者已矣，但他们留下的被噪音袭击时的惊骇、死去时的痛苦的模样，令人触目惊心。

如果说这些人是自愿的，还不够刺激，下面这个故事总该够你消受了。

20 世纪 60 年代，在俄克拉荷马上空，美国空军的 F104 喷气式飞机做超音速飞行试验，每天在离地面 10000 米的高空飞 8 次。结果是 6 个月后，农场中的 10000 只鸡，死掉了 6000 只，剩下的 4000 只，不是羽毛脱落便是不会下蛋，农场中的奶牛也挤不出奶了。

以上是人与动物，再看飞机本身。

1956 年，英国第一批超音速飞机试航，突然有一架在地中海上空无缘无故的自我爆炸，这架飞机的失事，引起了种种揣测。调查最后终于查明，导致这一事故的，是噪音！是强烈的噪音使金属疲劳所致。

以上三件事都在说明同一个问题：噪音是如何的可怕！现在已经到了非将它加以制止的时候了！

科学上用"分贝"作为衡量声强的单位。声强的差距极大——最弱

的声音与最强的声音相差几乎可达 10000 亿（10^{12}）倍，相差 20 分贝的声音，实际上是相差 100 倍。有了这些概念再来看下列数目，便可看出它们说明了什么：人们的普遍谈话声，约为 70 分贝；公共汽车中的噪音，约为 80 分贝；铆钉枪的声音可达 120 分贝；喷气式飞机的噪音是 140 分贝以上！

长期生活在 85 分贝的环境里的人，10％耳聋；到 95 分贝时，有近 1/3 的人失去听力；到 120 分贝时，人感到痛苦；150 分贝时，听觉立即损伤；180 分贝时，金属受到破坏；190 分贝时，已嵌入金属中的铆钉会被震得跳出来。

人们耐受噪音的程度是有限度的。1969 年，纽约法庭审理过一件枪杀案——一名夜班工人突然开枪打死一个玩耍中的儿童。是这工人神经失常吗？可以说是，也可以说不是。原来，孩子吵得这工人无法入睡，在噪音的影响下，工人失去了自我控制的能力，以致造成如此严重的恶果。类似的悲剧，在日本也出现过，广岛有一名青年用刀杀死过一位工厂主。这青年与这位工厂主平素并无冤仇，惟一的原因是，这位工厂主的工厂所发生的噪音，把这名住在它隔壁的青年折磨得失去了理智。

说噪音现在是天怒人怨，半点都没有夸大。大量病例证明：噪音能引起消化不良和胃溃疡，使人心跳加快、心律不齐、血管痉挛、血压升高，从而形成冠心病和动脉硬化。更强的噪音能刺激人的前庭器官。令人头晕目眩、恶心呕吐。超过 140 分贝的噪音，会使人眼球震颤，视觉模糊，呼吸、脉搏、血压和肠胃的蠕动等生理活动都发生剧烈的变化，再下去，后果如何，便不问可知了。更值得密切注意的是，城市噪音的趋势是在不断增长，其速度，据估计是每年增加 1 分贝，也就是到了公元 2000 年，噪音将比今天增加 20 分贝！这将是个多么可怕的世界。

为了我们自己，也为了我们的后代，我们要以我们的最强音呼吁：赶快制止噪音！

不是我们消灭噪音！便是噪音消灭我们！

当心 "绿色沙漠"

解 焱

当我们从空中向下俯瞰，大片的绿色成为我们绿化成功的骄傲的时候，可要仔细研究这些大片的人造森林，会不会正以另一种 "绿色沙漠" 的方式破坏我们的环境。

植被在天然形成过程中，一些先锋树种，如松树、杨树、桦树等先生长起来，但通常并不十分密集，这些先锋树木既能遮挡过度的阳光照射，同时又能使足够的阳光透射到地面，这样的环境正好适合林下植被的生长。种类丰富的地面植被，例如灌木和草，有着大型树木不能取代的生态功能，为多种动物，包括多种鸟类、小型哺乳类、昆虫提供了生活环境和多种食物。这种地表覆盖还有效地防止风和降雨对土壤的冲刷，地面植被（主要是灌木、草、苔藓等）像海绵一样，在多雨的季节吸收大量的水分，少雨的季节再将水分释放出来，有效防止水分流失。这种功能能够增加土壤对水分的吸收，增加地下水的储量，保持地面的潮湿，而且为土壤中的无脊椎动物提供适宜的生态条件。潮湿的环境和各种土壤动物使落叶能够尽快分解，将营养返还土壤，从而实现生态系统的营养循环，因此可以说地表植被对生态环境的良性循环起着至关重要的作用。

在我们认识到没有植被将造成洪水、沙尘暴、空气污染等危害后，开始大量开展人工造林活动，这是一大进步。但在当前的绿化过程中，过于强调大型树木，对林下植被缺乏重视，或者强调草坪，而没有注意植被的多层次结构、多物种类型对维持多种动植物生存和生态系统功能的作用，最根本的是没有遵循自然的植被恢复规律，其危害是形成大片的"绿色沙漠"，这样的"绿色沙漠"的危害也是十分可怕的。

由于树木种类单一，年龄和高矮几乎一样，且十分密集，树林遮盖了阳光和缺少其他植物的种源，林下缺乏中间的灌木层和地面的植被，因此，这样的树林被称为"绿色沙漠"。之所以称之为"沙漠"，一是指这样的树林中植物种类极为单一，无法给大多数动物提供食物或适宜的栖息环境，因而动物种类自然也十分稀少；二是指这样的树林地表植被很差，因而保持水的能力很差，一般比较干燥，易形成火灾；三是指这样的树林生物多样性水平极低，因而生态系统十分脆弱，缺少天敌对虫害进行控制，很易感染虫害，而且一旦感染上虫害，极易造成树木大面积损害。

我国这样的事例很多。川西干旱河谷海拔 1500 米以上，中心干旱地带年降水量仅为 300~400 毫米。7000 年前这里的森林主要树种是山毛榉科树木和云南松、铁杉。在解放初期基本上是一片荒山秃岭。20 世纪 50 年代后期，飞机播种云南松，实行封山育林，效果明显，森林覆盖面积大大提高。这是我国人工恢复森林的重要成功范例。但是缺乏进一步的工作，这些人工林并没有按照自然的恢复进程发展为物种多样性丰富的天然森林，而成为单一种松林，目前带来严重问题。西昌地区这些 20~40 年前飞播的大面积云南松林，大部分过于密集，松针落于地表后很难腐烂，而且干燥。在扒开厚厚的松针层后，地面没有腐殖质，地表土壤裸露，植被覆盖极差，极其干燥，加之云南松树中含有油质，极易助长火势。对土壤质量和营养循环有重要作用的土壤无脊椎动物难以生存，松林从土壤吸收营养，营养却无法返回土壤，因而土质越来越糟。这样的树林由于土质、水分和阳光的缺乏，其他植物很难生长，因而动物也很难在这样的林子中找到食物和足够的水分来维持生

存。而且由于这样的单一物种森林覆盖面积过大，即使是迁徙能力较强的动物也难以穿越这片难以维持生存的空间。目前邛海周围主要是这种云南松林，对邛海的水量调节和水质改善都起着负面影响，控制火灾和虫灾成了当地财政的巨大负担。事实上，该地区气候条件好，毗邻青藏高原、云贵高原、四川盆地，这三个地区的物种都有可能在该地区分布，而现在农业开发区、城市、环境退化都成为这些物种进入该地区的屏障，其中单一的松林也是构成屏障的主要因素。

为避免"绿色沙漠"的发生，在进行人工造林时，需要对当地环境下适宜的生态系统进行研究，找到当地生态系统中自然生长的树、灌木和草类植物，利用天然植被自然的恢复规律或机制，让大多数退化环境进行自然恢复。人工的帮助应主要集中在对干燥环境提供水分，对缺乏天然种源的地方提供当地生态系统适宜的树苗、种子，防止火灾、过度放牧以及采集植物和枯枝落叶等；有意识地去除外来物种，使当地物种有空间和营养进行自我恢复；不要成行成列地种植同一种同龄树种，因为这样形成的林木之间难以形成自然竞争，不能形成高低错落，层次丰富的树林。树冠层一样高，很容易阻挡大部分阳光，不利于林下其他植物的生长；林中的枯枝落叶不应被除去，应想办法加速它们的腐烂，如果没有足够的枯枝落叶腐烂，将营养返回到土壤，土壤会越来越贫瘠，不利于大多数物种生存。

四、切肤之痛

切肤之痛

［美］阿尔·戈尔

　　在某种意义上，地球的表面就是它的皮肤——薄薄的却是重要的一层，保护着这颗行星内部的其他部分。它比一条简单的界线重要得多，它以一种复杂的方式与上面易变的大气和下面的地球内部起着相互作用。把它想像为生态平衡中一个重要组成部分似乎很难，但实际上地球表面的健康对全球环境的健康至关重要。

　　当解剖学家把皮肤称为我们身体中最大的器官时，我们可能感到惊奇。皮肤似乎首先不过是我们身体的一条界线，太薄了，薄得使它不够资格作为一个器官。然而它却经常不断地更新它自己，扮演着一个复杂的角色，保护我们不受周遭世界的损害；没有它，甚至空气都会侵蚀我们身体的内部。

　　同样，地表——虽然似乎是由土壤和岩石、森林与沙漠、冰与雪、水和生物组成的不重要的一层——却是一层起重要保护作用的皮肤。各种根就在地表下从土壤中吸取营养物，而且在这一过程中固定土壤，让它吸收水分，阻止风和雨把它带到大海里去。在地表上面，地面的特征决定应吸收或反射多少光，从而有助于确定地球与太阳之间的关系。

　　覆盖着森林的地面也扮演着一个重要的角色。维护它吸收大气中二氧化碳的能力，这对稳定全球气候平衡至关重要。在前一章中我们已经看到，在调节水文循环的工作中，森林发挥着重要作用。森林也起到稳

定和保持土壤的作用，通过叶与籽的脱落，通过树木死后树干的倒落，使营养物得以再循环，对陆地表面的所有物种提供了最多的栖息地。结果，我们铲掉了森林，就摧毁了各个物种所依赖的极为重要的栖息地。有关湿地的破坏与丧失的争论也因同一关切而趋于激烈。湿地也是许多物种的不可取代的自然生长环境。许多处于危境的物种将因湿地的丧失而迅速灭绝。

毁坏树木的最危险的形式是破坏雨林，特别是靠近赤道的热带雨林。雨林是地球生物多样性的最重要来源，在我们断然侵害生态系统的今天，雨林也是遭受最大危害的那一部分。真的，世界上全部物种中的50%——有的专家说90%以上的活着的物种——是以热带雨林为家的，它们不可能在其他地方生存下去。为此，大多数生物学家相信，热带雨林的迅速破坏以及随之而产生的物种灭绝是不可弥补的损失，是目前发生的自然界遭受的最严重的单项损害。随着几百年几千年的时间推移，我们对地球生态系统所造成的其他伤害可能愈合，然而，从地质时间上看不过是喘口气的功夫就有这么多活着的物种完全灭绝，这可是地球上错综复杂的生命之网的完整机体的致命伤。这种伤害近乎永久，科学家们估计要恢复将需一亿年之久。

热带雨林和温带落叶林的生态系统完全不同。温带林所在的地区都经历过若干冰期，在这漫长的时期，高度达1.6千米的广阔冰盖扫过北纬地区，伸展到北安第斯山脉、南安第斯山脉、阿尔卑斯山脉、比利牛斯山脉、喜马拉雅山和帕米尔。较小的冰盖则由东非中部的山脉伸展到澳洲南部和新西兰。这些冰川断断续续地肃清了高纬度地区的森林，但在扫过陆地时也翻起大量的岩石，使土壤中存储了丰富的矿物质。结果，温带森林通常在土壤中保留了95%的营养物，只有5%留在森林本身，这就使森林可以相当迅速地再生。

在热带雨林，这种模式却完全被颠倒过来。冰盖几乎没有接触过这些热带雨林，其动植物形形色色，多得令人难以置信，这似乎就因为成

百万计的物种在几千万年里不曾中断地协同进化。但热带雨林通常扎根于薄而贫瘠的土壤之中，没有冰川的搅动与加肥，在土壤中只能找到5％的营养物，而95％的营养物却留在森林以内（亚马逊是个特例。科学家们在1990年发现，夹带着撒哈拉沙漠的沙子的高西风流吹过大西洋，把具有肥料作用的矿物喷撒到亚马逊地区。亚马逊上空的不寻常的"风斗"似乎从气流中以每年每0.4公顷约45千克的速率把沙子拉到森林地面）。因此难怪温带森林支持着欣欣向荣的动植物家族，而雨林却有绝对千奇百怪的生命，无数的物种仿佛是从每一个孔穴都会进出一个。

世界上还留有三大片雨林：亚马逊雨林，也是最大的雨林；扎伊尔及其邻近国家的中非雨林；现在大部分集中于巴布亚新几内亚、马来西亚和印度尼西亚的东南亚雨林。其他重要的残留雨林则分布在中美洲沿巴西的大西洋海岸、南撒哈拉在非洲凸出地带的极南部边缘、马达加斯加的东海岸、印度次大陆和印度支那半岛的部分地区、菲律宾和澳大利亚的东北边缘。更小一些的雨林位于波多黎各到夏威夷到斯里兰卡这些岛屿上。

不论何处的雨林，都处于被包围的形势之中。雨林正被烧掉，以便清出地方来作牧场；正被砍伐下来作为木材；正被水力发电的拦河坝淹没，以便发电。它们日日夜夜，岁岁年年，正以每秒0.61公顷的速度自地球表面上消失。而且由于若干原因，热带雨林的破坏速度仍在增加。热带国家人口的迅猛增长造成了持续的压力，向雨林的边缘地带扩张。第三世界大部分地区估计约有10亿人口缺乏燃料，造成了对于四周的森林的蹂躏；发展中国家对工业世界日益增长的债务鼓励它们开发一切现有的自然资源，以短期努力来挣取硬通货；大规模的、常常不适宜于热带国家的误导的发展计划把以前不可通行的广大地区向文明世界开放；牲畜饲养业每年都更加贪得无厌地要求扩大牧场土地。原因多而复杂，但关键的一点很简单：在一向贪婪成性而又日益增长的文明与古

老生态系统之间的斗争中，生态系统一败涂地，依赖于森林的地方文化也一败涂地。和树林与物种一齐消失的还有最后残存的古老社会——估计有 5000 万部落民族依然生活在雨林之中，他们的文化在某些情况下从石器时代以来亘古未变。

按照目前破坏森林的速度，实际上所有热带雨林都将在下个世纪一点点消失。我们若允许这种破坏发生，将会丧失地球上最丰富的基因信息存储库，同时丧失可能治愈我们遭受的多种病症的手段。确实，现在通常使用的数以百计的重要药物得之于热带森林的动植物。里根总统努力从刺客枪伤中恢复健康时所用的一种重要镇定药物，就是从亚马逊河灌木丛里的毒蛇身上取出来的降血压药。

大部分为雨林中所独有的物种正在遭受迫在眉睫的危险，部分原因是没有人替它们说话。相比之下，想想最近关于短叶紫杉的争论吧。这种树属于温带森林物种，其中一种仅生长于太平洋西北部地区。太平洋紫杉砍掉后可以用来加工生产一种烈性化合物紫杉醇，这种化学物品有希望治疗几类会迅速导致死亡的肺癌、乳腺癌、卵巢癌。牺牲树来救人，这种选择似乎很容易。然而，人们后来了解到，治疗每一位患者需要砍伐三棵短叶紫杉，而且只有百年以上的老树的树皮上才含有这种烈性化学物。现在这种树已经只有很少很少还留在地面上。突然间我们必须面对若干难以回答的问题。未来几代人的医药需求是否也一样重要？我们今天还活着的人有资格把所有紫杉砍掉来延长少数几个人的生命吗？哪怕这意味着这种独一无二的生命形式永远消失，不可能再用它来拯救未来的人类？新的有关紫杉及其特性的报告已经引起了有益的辩论，但是有什么人会替雨林中独有的物种丧失问题说话呢？科学工作者们甚至还要走长长的一段路程才能鉴定雨林中的动植物物种，离开发现它们在医药、农业和其他方面的可能用途就更远了。所以，当我们每年摧毁大片雨林时，我们也在摧毁价值不亚于紫杉的成千上万的物种。

雨林的丰富而复杂的资源是未来世代的无价之宝。人们却在砍伐雨

林，把它的木料按目前的价值卖掉。这种木料常常只能做便宜的家具或一次性的"卫生筷子"。而巴西的环保部部长 J. 卢岑贝格尔在谈到这种作法的时候这样说："这就像把蒙娜丽莎拍卖给一屋子的擦皮鞋的孩子，许多别的竞购人，例如未来世代的竞购人，再也无法叫价了。"

　　热带雨林曾经像土地上生长出来的巨大教堂一样矗立在那里，当它们消失之后，那一层薄薄的土壤突然变得光秃秃的，其易于受风雨侵害的程度令人吃惊。据英国瓦德布里奇生态中心的一项研究，在撒哈拉以南的非洲国家象牙海岸工作的科学家细心地记录了毁掉森林之前和之后土地遭受侵蚀的程度，其间的差别令人难以置信。即使在陡坡上，森林地区土壤每年的侵蚀率每公顷仅为 0.03 吨。但一旦森林被毁，就会高达每公顷 90 吨。印度现在每年丧失 60 亿吨地表土，其中大部分是毁掉森林的结果。毁林也给水文循环造成灾害，最后会使有关地区的降雨量剧减。它的典型后果是，先是水灾，然后是土壤的侵蚀，最后是雨量的急剧减少。

　　在某些国家，毁林还会迫使林区人民外迁，先是迁到任何邻近地区，在那里，当破坏的循环重演时，这些人有时会穿越国境。这种强迫移民可能有助于向北部工业国家发出一份紧急信息。例如在西半球，海地对森林的毁坏，其作用也许不亚于杜瓦利埃政权的压迫，驱使 100 万海地人迁到美国的东南部地区。

　　然而发达国家自身也有大规模毁林的问题。空气污染破坏了德国可爱的黑森林以及别的欧洲森林。德国人为这种广为流行的现象铸造了一个新词，叫做"森林死亡"。在严重污染的东欧，情况更为严重。在美国，特别在严重伐木地区，如太平洋沿岸西北部和阿拉斯加，现在又重新开始戕害大片的温带森林，而这些温带森林对我们美国人十分重要。而且，森林的统计数字可能有欺骗性。虽然像若干其他发达国家一样，美国目前拥有的森林面积要比 100 年前大，但许多森林是"收获"过后再植的，从原有的多样硬木林转变为单一的软木针叶树林，再也不能支持一度在这些林区繁茂的物种。在各个国家森林中正在修筑伐木公路，以便更为迅速地发展伐木业。有时甚至根据合同清除公共土地上的林木，以大大低于市场价的价格卖掉木材。纳税人为破坏公共土地上的森林缴纳的巨额补贴既造成预算赤字也造成了生态悲剧。

部分由于这种原因，许多人参加了保护俄勒冈州和华盛顿州的金钱猫头鹰这一濒危物种的运动。我参与领导了一场成功的斗争，防止了保护金钱猫头鹰运动遭受逆转。在参议院的激烈辩论中，人们明白了，问题不只关系到金钱猫头鹰，而且关系到原始森林本身。金钱猫头鹰是一种所谓"关键物种"，它的消失将标志着整个生态系统以及许多其他依赖这种生态系统生存的物种的丧失。具有讽刺意味的是，要是那些希望继续伐木业的人赢得了这场斗争，剩余的 10% 的森林一旦砍光，这些人也就失业了。惟一的问题是，在残留森林消失之前或之后，这些人是否能转入新的就业部门。

不论在热带还是在温带地区，森林都是陆地地表上惟一最重要的起稳定作用的特征。森林保护使我们免遭环境危机中最可怕的那些恶果——特别是与全球变暖联系在一起的那些恶果。但是我们对环境的破坏却带来了造成战略性威胁的地方性和区域性问题。例如，能吸收大量二氧化碳的许多森林一旦不复存在，自然也就不会吸收二氧化碳了。现时广泛发生的烧掉热带森林的作法每年给大气层增添了可观数量的二氧化碳，然后光秃秃的林地产生另一种重要的温室气体，变成甲烷的新的重要来源。事实上，垂死的森林正像一个巨大的"关键物种"，许多东西取决于森林的健康，如果森林都被砍掉而夷为平地，我们自己所属的物种——人的未来所将受到的危害也就可想而知了。

（赵 果 译）

赞美绿叶

王　蒙

　　人类对于保护环境的认识，达到今天的程度，大概应该算是人类文明史上一个重要的进展。人类终于结束了地球中心、人类中心、人类意志征服改造一切的一厢情愿的偏于幼稚的想法，开始用一种分析的、不排除反省和批评的新眼光来看待工业文明、科技进步、人类自身的多方面活动所带来的后果。人类越来越用一种谨慎的、爱护的、理解的态度来面对正在被驯服却也在被破坏并因而惩罚着破坏它的人类的大自然。保护地球、保护自然、保护人类环境的呼声比任何时候都高涨起来了。在我国，重视保护环境，也日益成为上上下下的共识。

　　作家总是更容易接受环境保护的理论与实践。并非作家都懂多少环境保护的理论和知识，而是说作家毕竟更富有对于自然、对于祖国河山、对于一切生命的感受和热爱，作家对于生活的感受总是更富有整体性，作家相对地总是更少受某种实业目的的激励或者制约，作家更有可能多一点纯朴，也多一点浪漫。作家往往更早一点自觉或者不自觉地发出保护自然、保护环境的呼声，警报环境破坏的危险。如果我们阅读过契诃夫的《草原》，如果我们没有忘记《万尼亚舅舅》里那位医生对于生态破坏的忧虑（他的台词多像是环保部门的宣传），如果我们阅读过列昂诺夫的《俄罗斯森林》，如果我们哪怕是多看一眼邓刚的一系列为海洋和海洋生物呼天抢地的作品，我们会自然而然地变成一个更关心环境的人，变成一个与地球、与宇宙、与万物息息相关的人。如果我说作家天生应该与环境保护工作者携起手来，如果我说作家天然是环保工作者的同盟军，我想不至于被认为是过于冒昧。

我们似乎还可以从另外一个角度来谈论文学与环保。许多令人痛心的破坏环境的事情的发生，在我们这个国家里，并非由于采用了新技术、新材料、新制剂，而是由于人们文化素质之低下。放火烧荒，捕食野生珍稀动物，破坏草原，污染水源……的肇事者常常并不是化学工厂，恰恰是一些很普通的人，为了蝇头微利，竟可以作出破坏环境的大恶。提高人民的文学素质，当然是文学最为关心的事情，当然是作家、知识分子、干部深有切肤之痛的事情。

让我们拥有更多的绿树和绿叶吧，让我们做一片又一片绿色的能够起一些净化空气和调节湿度作用的树叶吧，让我们呼吁减少一点化学污染、噪声污染、水土流失、沙化和野生动植物的毁坏吧，让我们生活在更加美好、更加纯洁、更加健康的生态环境中吧！绿化祖国，是党的号召，是地球的呼吸，是生命的吟歌，是文学的天职。

我们赞美象征生命的绿叶。

西行路上左公柳

徐 刚

一过酒泉，西风更烈。

西行路上的荒漠与废墟，更加浓重地扑面而来，更大的戈壁更多的沙漠似乎一直延伸到了祁连山下，大的荒凉震颤着我。

风化的长城，千百年前废弃的村落，那是现实行进得太匆忙呢，还是历史牵挂着它的残片？哦，真的，沙漠让你无法想像当年跋涉者的脚印，戈壁让你无法细读那谜一样的石头的排列。

晃动着金色叶片的小叶杨，宁可自己蓬头垢面而屹立在风沙中的红柳，那多少被黄沙侵染得黯淡的红色，都留在身后了。天上没有一丝云絮，真正高远的蓝天，戈壁滩上没有一只鸟，太荒凉太寂静。

我们先祖的脚印始于黄河流域，炎黄二帝尝百草种五谷发明耒耜耕耨，直到极一时之盛的汉唐魏晋文化。汉武帝正是在华夏民族的鼎盛时期决心"凿空"西域的，丝绸之路便应运而生。

丝绸之路的出现，在它的必经之地河西走廊上留下了无数埋没的、残损的、至今依然壮观的历史、地理、人文的景观，以及重重叠叠的脚印。不妨说，那是人类行进的使命未竟，上苍殷殷的照拂未断。当丝绸之路的相当一部分被沙漠埋没之后，河西走廊尽管历尽战乱、凋敝与风沙的进逼，却不仅至今仍然存在着，而且因为三北防护林的崛起，而有了再度辉煌的可能。

在兰州、在酒泉公园，西行路上不断有人告诉我：这是左公柳。

那是苍老的纪念。风雨未及卷走的站立的斑驳。

历时 120 余年的老杨树、老柳树、老榆树，粗糙的树皮如同当年西征丁勇的盔甲一样，那横伸枝节的树冠虽然被厚厚的尘沙压着，却有掩不住的苍老的绿色，显示着植物世界生命的强大与韧长。

因为这树，人们就不能不想起左宗棠。

左宗棠是中国历史上第一个从西安到兰州到新疆开辟了一条 1500 多千米长的大道，并且在道路两旁种了 1500 多千米树木、有效地阻挡了风沙线推进的官员。

后人的诗赞实不为过：

> 上相筹边未肯还，
>
> 湖湘子弟满天山。
>
> 新栽杨柳三千里，
>
> 引得春风度玉关。

后人谈论大西北，不能不说左宗棠。

这是因为从沙俄手中夺回已被占领 10 年的伊犁地区从而使一个完整的新疆重新划归中国版图者，是左宗棠；趁用兵西进之机，向朝廷报告"西北苦，甲天下"，使贫困真相不被掩盖者，是左宗棠；明确提出在西北"图数十百年之安"，从而修路种树开渠挖井以为民生之利者，仍然是左宗棠。

后人也有称酒泉湖为左湖的。

左宗棠第一次驻节肃州时出酒泉巡视嘉峪关，只见名关为风沙所困，断垣残壁可以驱车直入，有关无关似已无关紧要，便亲令防营修整关防，每日按律开关闭关，关手书"天下第一雄关"置于关斗。再度驻节肃州时，又修整了沙与墙齐的安西城。安西号称世界风库，不知风从何处来，只觉得四面是风，风里夹沙，飞扬混沌，靖边安邦倘不治理风沙，这在中国西北是万万不可能的。

左宗棠亲率兵丁从城头掘下 7.34 米，把东西城墙的积沙铲除干净，再引来疏勒河水，环城挖壕，两岸遍栽杨柳，安西城才有了往昔城关雄峙的真面目，还添了杨柳依依的景色。

我去安西时，左公柳已经寥寥了。代之而起的是西接敦煌东连酒泉的防护林及星星点点的固沙植被。

安西县城里是一个挨一个的摊贩，在午后的炽烈阳光下叫卖声依旧嘹亮。

纵观左宗棠在西北的筑路、植树，起因于军事上西征的需要，诸如兵士的调动、粮草运转等等，却又同时着眼于民生的长治久安。当时的路面也相当开阔，为 10～33 米，至少可供两辆大车并行，路旁植树少则一行多则四五行。路随人修，树跟路立，从潼关开始而西安、而兰州、而六盘山、而会宁、而固原……横贯陕甘两省之路，这路及路边的树继续往西延伸直到新疆的喀什噶尔。

左宗棠号令之下，湖湘子弟兵究竟种了多少树？有史料记载的，陕西长武至会宁县 300 多千米，种活的树为 264000 株。《西笑日觚》上说："左恪靖命自泾州以西至玉门，夹道种柳，连绵数千里，缘如帷幄。"各县地方志实录可考的尚有：会宁境内 21000 株，安定境内 106000 株，臬兰境内 4500 株，环县境内 18000 株，安化境内 12000 株，狄道境内 13000 株，平番境内 78000 株，大通境内 45000 株。

光绪六年（1880 年），左宗棠奉召从关外进京，一路见到绿树成阴不觉心生快意，戎马边疆风霜沙积的辛劳似乎有了回报。

也许最使左宗棠感慨的，还是河西路上，左公柳下的一个告示："昆仑之墟，积雪皑皑。杯酒阳关，马嘶人泣。谁引春风，千里一碧？勿翦勿伐，左侯所植。"

左宗棠勒马告示下，沉吟再三。

他知道，"引得春风度玉关"那首诗是老部下杨昌浚奉左宗棠之命到肃州效力时，在河西走廊路上吟得，一时竟也传遍肃州大营。左宗棠

闻之，只坦然一笑。是夜，宴请老部下，奏平凉之乐《阳关三叠》，倒是让左宗棠多喝了好几杯酒，那西出阳关之苦，把路修上天山，把树栽上天山，岂是等闲之事？丰功伟业无不艰苦卓绝，然而这一切的一切只是在蓦然回首中的酸甜苦辣了。

肃州乐师竟在《阳关三叠》之后，以原曲演唱了杨昌浚的诗，唱到"新栽杨柳三千里"时，左宗棠竟一手掀髯一手击节，已经热泪盈眶了，他想起了什么呢？

出嘉峪关，从哈密到巴里坤，翻过三十二盘天山之脊，那路是凿出来的，"张骞通西域，史家谓之'凿空'，为不谬也！"左宗棠对属下说。

三间房和十二间房，那风沙能把人马席卷而去，古称黑风井，时称风戈壁，也就是《汉书》所说的"风灾鬼难之国"……

"锤幽凿险，化而为夷。"这是左宗棠给清王朝奏稿上的两句话，可是兵勇艰辛，路途劳顿，路之难筑，树之难栽岂是千言万语说得清的？

左宗棠又吟哦了一番；昆仑之墟，积雪皑皑……便扬鞭策马而去。

左公柳后来的命运如何？

那一块告诫人们"勿翦勿伐"的告示牌，挡得住随后的确风雨和贫困吗？

对大西北的人民来说，维持生计所急需的是粮食与柴薪。对于身陷贫困中的人来说，要求他目光远大是天方夜谭。曾经绵延 1500 千米的左公柳的命运仍然免不了被砍伐当做木材与柴薪，真是可悲可叹。

河西走廊：祁连山的树木在漫长的历史时期中，无数次地遭受到人为的滥伐，以致河西的沙漠化日甚一日，富庶之地变得穷困潦倒。而在近代惟一一次最大规模的有组织的以军队为主力的、曾经种植 1500 千米之远的行道树木，实际上是改变中国西北生态环境的一次伟大的实践。左宗棠在西北亲历了光绪三年（1877 年）的百年未遇的大旱，饿尸遍野，焦土满目。开仓放赈，自己捐出俸禄，那种民不聊生的景象，再加上沙渍戈壁的横亘总是终身难忘了。那时左宗棠不可能去全面地治

理沙漠，种树开渠虽是权宜之计，却成了一次难能可贵的尝试。

如果说左宗棠筑路、种树，横贯陕甘两省直到新疆，其功厥伟的话，那么这"新栽杨柳三千里"，在左宗棠离任不到 30 年的时间里，几乎砍伐殆尽，则是更加惊心动魄的。

我惊心动魄地想起了三北防护林的现在和将来。

左公柳的兴衰，不是恍若眼前吗？

左宗棠之后，孙中山先生在《建国方略》中提出"于中国北部及中部建造森林"，主张"要造全国大规模的森林"。可惜一个高瞻远瞩的政治家也要为社会、历史的种种条件所限制，孙中山先生的造林如同他热衷的修铁路一样，只能托付后人勉力为之了。

三北地区近 8000 千米的风沙线上，如今已建设了十几年的防护林体系，可以说凝聚着民族的智慧、先人的眼光、历史的重托。其蔚为壮观已经不是左公柳可以同日而语的了。然而，它所面临的困扰却与当年仿佛。西北苦，甲天下，至今犹是。

风沙沿线的人民因为三北防护林所奉献的人力与热情还能维持多久？建国以来汗水浇灌的林场普遍萧条，有的已到了无法维持的程度，那么三北防护林更艰难的三期及以后的工程又如何去完成？

与此同时，局部生态环境的改善并没有改变整体恶化的态势，中国每年沙漠化土地的速度与面积仍然高居世界领先地位。

一个伟大的工程，开头难，坚持下去更难，使之成为真正的绿色长城，庇荫半壁河山之日，那真是中华民族最盛大的节日！

西行路上，能不教人感慨万千？

当我登上嘉峪关，远眺祁连山雪，西望大漠戈壁时，忽然觉得残片似的历史有了空旷感，今日的荒凉既与历史的也和未来的荒凉连接着，人世间兴兴衰衰多少事，惟有这大漠依旧、戈壁依旧；高大的衰朽了，细小的幸存了；人的创造如此艰难，人的破坏力如此巨大；谁来拯救人类呢？

　　左宗棠的西行之路自然也是百感交集的。在他之前 30 年，林则徐蒙受不白之冤于 1842 年被充军伊犁，途经兰州，甘肃布政史程德润设宴为其洗尘。

　　如今左宗棠正奔走在林则徐的放逐之路上。

　　大戈壁原本就是大悲怆。

　　它埋没了多少？它掩盖着什么？哪里是林则徐的脚印？

　　嘉峪关上，当左宗棠面对祁连山皑皑积雪吟哦林则徐在嘉峪关写的《出嘉峪关感赋》时，左右随从无不为其诗其声而掩泣——

> 严关百尺界天西，
>
> 万里征人驻马蹄。
>
> 飞阁遥连秦树直，
>
> 缭垣斜压陇云低。
>
> 天山风巉峭摩立，
>
> 瀚海苍茫入望迷。
>
> 谁道崤函千古险，
>
> 回首只见一丸泥。

　　吟罢低眉，黄风四起，左宗棠老泪横流："出关！"

戈壁绿洲非海市

黎先耀

瓜熟果香的 9 月，我们参观了新疆生产建设兵团的南疆垦区。我们大体沿着唐代高僧玄奘西去取经的"丝绸之路"老北道。从气候炎热的火焰山，经吐鲁番、焉耆、库尔勒、库车，涉渡流沙滚滚的喀拉玉尔滚河，过阿克苏、喀什，一直到了冰雪覆盖的托木尔峰，自东至西横越了新疆南部。

我们乘民航班机飞临新疆上空的时候，看到黄沙茫茫的瀚海上，时而浮现出几块绿洲。同行的一位女作家对我说："啊哟，沙漠这样大，绿洲太小太少了！"是呀，我们应该建设更大更多的绿洲！待我们穿越戈壁，亲自踏上这些绿洲，才知道就是这点林带和条田的出现，新疆生产建设兵团的同志们，曾经付出了什么样的代价！

乌瓦地上喜丰收

我们乘车从达坂城，穿过 100 多千米长的连骆驼刺都不长的"干沟"，快到库米什的时候，在炽烈的阳光下，隐隐地看到远处有一派水光树影。奇怪，车越驰越近，那里除了一片戈壁滩，什么也没有。原来刚才看到的是海市蜃楼的幻景。驱车继续前进，越过铁门关，到了库尔勒附近的乌瓦，维吾尔语"乌瓦"一词的意思，是连鸟兽都不来的地

方。可是这里眼前却真正出现了大片丰收在望的稻地和棉田。

我们在生产建设兵团农二师二十九团团部，看到墙上的镜框里挂着全国科学大会的红色奖状，奖励他们改造重盐碱地的科学成就。农艺师范德玉告诉我：这里的土壤含盐量高达 5％～10％，曾经有位外国土壤专家来看了以后，摇着头断言：这里是无法耕种的土地。就是现在我们在地边、路旁还可以看到白花花的盐壳和黄澄澄的卤水，据说可以刮起来做菜、点豆腐。就是在这样的不毛之地上，他们试验运用一系列有效的耕作方法和制度，终于把"乌瓦"改造成了良田。大面积的良种水稻产量，每公顷达到 1250 千克左右；海岛棉产量，也达到每公顷 125～250 千克。

人们要让吝啬的戈壁，献出丰产的棉粮，好比石头里榨油，谈何容易。军垦战士与大自然进行了一场艰苦曲折的斗争。开始人们住在红柳搭的地窝子里，用砍土镘和扁担，搬走了戈壁滩上一个个大沙包，挖渠平地，引水灌溉，处女地上居然长出了好庄稼。可是种了不过两三年，地下的盐碱吸到地表，造成了次生盐碱化，麦田又连种子都收不回来了。是不是放弃这片用汗水开垦出来的土地，另找出路呢？不，不能退却。研究结果，发现光灌溉，不排泄，不行。于是挖排水沟，冲洗盐碱。后来又发现，老种旱地，不种水田，也不行。于是用水稻与小麦、棉花轮作，终于制伏了盐碱。农场像乌瓦地上耐盐碱的胡杨树一样，顽强地扎住了根。

在二十九团举行的文艺晚会上，应军垦战士们的要求，我题诗吟诵道：

> 荒无人烟乌瓦地，
> 建成塞外南泥湾；
> 戈壁绿洲非海市，
> 社会主义新桃源。

沙井子抓饭好吃

沙井子位于阿克苏附近，是军垦战士进疆后开发的第一块戈壁。现任农业建设第一师政委、三五九旅的老干部路略同志，带领我们几位从北京来的作家同本地维吾尔族的上层人士一起，来这里参观。原来这里只有一口被流沙掩盖的枯井。三五九旅的指战员放下陕北的镢头不久，就挥起新疆的砍土镘，挖成了运河般浩荡的胜利渠，把多浪河水引进了沙井子。他们又用扛枪的肩膀和拉炮的骡马，犁开了这片亘古的荒原。

今天我们看到这里，已是清清渠水灌条田，森森林带护棉粮。我走进地膜种植的齐胸高的"军海一号"长绒棉田里，蹲下去数了数一株上的棉铃，竟有 30 多个，接近地面的棉桃已经绽开了雪莲似的白花。

全国劳动模范、二团妇女水稻队队长马桂芝，是一位河南支边妇女。她们管理的那一片飞机播种、药剂除草的大面积"矮丰二号"水稻田，估计今年可能达到每公顷产 9000 千克。他们争取每个女队员要为国家生产 5 万千克水稻哩！

这样出色的成绩是怎样取得的呢？她们自己说得轻描淡写，实际上她们曾经付出了多少血汗和泪水！蚊蚋如烟，盐渍似割。缺肥料，就到戈壁滩上去找羊粪。时间不够，就在地头吃饭、奶孩子。顶过来可不容易啊。有人同马桂芝开玩笑，说她刚来不久，还曾经偷偷跑到公路边去等便车，打算溜回家去呢。可是，现在这些坚强的军垦女战士，就像成林的新疆杨树那样，挺直腰杆，终于战胜了戈壁的风沙。

一位维吾尔族阿訇，惊喜地俯下身去，轻轻地抚摩着金毯般密密下垂的稻穗，嘴里喃喃地念叨着："想不到盐碱滩上能长出这样好的水稻，比我们好地上种的黑芒稻强多了，这真是求胡大都求不到的啊！"路略同志听了，站在条田的畦埂上，向我们大声笑着说："兵团刚来沙井子的时候，经常在戈壁滩上吃沙拌饭，今天我们请大家尝尝用这里大米做

的抓饭!"果然,我们回去,还没有走进团部,沙枣树阴下埋锅煮着的抓饭,已经飘散着诱人食欲的羊肉和新稻米的芳香了……

塔里木河秋色美

路略同志热情地陪我们到塔里木河参观。从阿克苏到阿拉尔虽然只有一百几十千米,由于道路难走,乘车整整颠簸了一天。

塔里木河是流沙河底,河床经常移动,被称为无缰之马。可是我们到了塔里木河边,看到一座长达1.5千米的公路桥,正将建成通车,这是农一师为这匹不驯的野马,设计、建造的雄伟的鞍辔。

我们站在桥头几棵高大的古胡杨树下,举目四眺,真是接天棉叶无穷碧,映日酒花别样香。边塞的秋天真美啊,比内地毫不逊色,而且还有特色哩!

九团地里种植的啤酒花,挂满了棚架,像无数串绿色的小灯笼,飘散着醉人的芬芳。啤酒花是桑科植物,学名叫蛇麻,它的雌花腺体是酿啤酒中不可少的原料。人们背着筐篓正抓紧采摘,忙着往烘房运送,好保证质量,打包出口。

一师农业科学研究所的实验果园里,引种来的砀山梨、烟台苹果、山西红枣,累累的果实,青的、红的、黄的,压弯了树枝,真是喜人。这里由于天山雪水的灌溉,日照时间长,昼夜温差大,瓜果比内地不仅长得肥大得多,也更加香甜可口。想不到的是,连美洲的牛蛙、湖北的武昌鱼,也在塔里木河的水库里繁殖生长得很好。

面对塔里木河这派动人的秋色,路略同志对我们谈起受"四人帮"迫害牺牲的张仲瀚将军生前为新疆农垦事业立下的不朽功勋。他无限深情地为我们背诵了一首张将军的遗诗:

千军万马进天山,

且守边疆且屯田;

塞外江南一般好，

何须非进玉门关。

是啊，荒凉的塞外正在改造得同江南一样美好，何必还要向往关里呢？俗话说："上有天堂，下有苏杭。"路略同志就是苏州人。他跟随王震同志转战大河上下，屯垦天山南北，追求的理想，并不是回到故乡的天堂去，而是要把江南的鱼米之乡，搬到塞外的戈壁滩上来！

胡杨萧萧话生态

张仲瀚同志在另一首遗诗《老兵歌》中吟道："江山空半壁，何忍国土荒；移殖长江鱼，丝路育蚕桑。"可是这次到塔里木河来一看，原来军垦战士们在"丝绸之路"上栽种的几万公顷桑树，在十年动乱中已被砍伐殆尽。"四人帮"及其爪牙给种桑养蚕横加的"罪名"，是什么搞"修正主义"，所以都连根刨掉了，真是令人痛心。十年动乱对新疆的生产、生活和生态，都是一次浩劫。

我曾听说塔里木河流域的天然胡杨林，也被破坏得很厉害，那里的野生动物也随之减少了。胡杨是一种非常耐碱的树木，树皮割伤后，流出汁液，就能凝结成白色碱块，可以用来洗衣、蒸馒头。我们驱车驰过新建的塔里木河大桥，顺着和田河故道向南前进。

我们看到路旁有些人家，用从戈壁滩上挖来当柴烧的红柳疙瘩，堆成了高高的围墙。途中遇到两个青年，利用业余时间在挖甘草，但挖到的大多只有小手指般粗细。同行的一位兵团干部告诉我，这一带野生甘草虽然很多，可由于挖掘过度，收购量也在不断下降。车上，还谈起他们刚进塔里木的时候，河里十几千克重的"大头鱼"很多，肉很肥，无需用油，放在篝火上烤着吃，比家鱼鲜美。我也记起瑞典探险家斯文赫定写的《中亚腹地旅行记》里，就刊载有一位当地维族向导抱着大头鱼的照片。可是这次我想找条这种适应高山急流环境的扁吻裂腹鱼做标

本，都很难了。看来，在南疆垦区保护野生动植物资源，已经是一个刻不容缓、需要抓紧解决的问题了。

我们乘车快到塔克拉玛干沙漠边缘的地方，终于看到了一片原始次生胡杨林。这些胡杨树都是从伐根处滋生出来的。幼树的叶子像柳叶，长成后叶子才像杨叶。怪不得有人把它叫做"异叶杨"。兵团已经把这片胡杨林保护起来。我们一进林子，看管的职工就过来查问了。我们坐在残留的树桩上，一边吃瓜，一边谈论保护和发展胡杨林的问题。

兵团的同志告诉我们，胡杨树在开发塔里木的事业中是立过功的。胡杨木质好，人们最初盖房、架桥、造船、做家具，用的都是胡杨木。由于当时还没有认识到保护自然生态的重要性。开垦时挖掉了很多枯死的胡杨，也砍掉了不少应加以保护的胡杨。

我笑着说："现在你们也该给胡杨落实政策了吧！"

路略同志答道："如今我们已经认识到胡杨是最适应盐碱地的本地好树种。我们现在不但采取措施保护天然胡杨林，而且开始设法营造人工胡杨林。"

我在离开阿克苏的前夜，同农一师师长赵明高同志也讨论了关于改造自然与保护自然的关系问题。新疆建设兵团把大片戈壁改造成为良田，对当地自然环境产生了良好的影响。这是中国共产党领导下，人类征服大自然的一个胜利。但是现在也要赶紧注意防止大自然的报复。兵团的农工联合企业，也只有建立在生态平衡的基础上，今后才能稳定地发展。

临别时，我同路略同志合抱着一棵参天的萧萧胡杨，摄影留念。在改造自然的同时，必须保护自然；保护自然的目的，还是为了利用自然。这是我们共同的观点和愿望。

为何仇树

简 媜

人应该与大自然界的繁花草树为友，但更多的人拿它们当仇敌，恨一棵大树，如恨一个横刀夺爱的人。

我这么想，或许有人认为过于耽溺在无所谓的琐务里，天下事杂乱如麻，比树更值得担忧的多得是，何必大锅大灶炒豆芽。我虽然部分赞同，但总觉得心里不舒坦。如果人连树都容不下了，连一只鸟雀都不给活，嘴巴上谈的爱，未免自私点了吧！

事情从那片约一亩阔的草地说起，很明显是旧农舍夷平后，尚未建筑高楼大厦而滋生的杂草平坡，尽头连着一脉矮山，虽然不够雄壮，自有它历史性的苍翠。草地年轻，绿得很天真，山峦老迈，绿得圆熟。它们很谦虚地与蓝天白云共同分配空间，形成我眼中的三层起伏。每回经过这里，总要望一望，汲取非人文的景致。我岂不知这样的一眼两眼，既不增添什么也不遗失什么。我岂不知两旁停放的重型机械与富丽堂皇的预售中心，正与草地中央的那棵大树形成危险的三角关系。

那棵树，也许比中华民国的年龄还长，比酷爱种植水泥楼房的我们更了解土地与天空的恋情。它用主干与枝脉架构天与地，形成独具风格的树的思索；它繁殖叶片，数代同堂的叶子如一部绿的美术史；它顺便提供免费住宿，收留流浪的雀鸟，苦命的蝉，或任何一只找不到地方哭泣的毛毛虫。绿，是它的胸襟，不需要签定什么租赁契约了，自然的规

律使众生安分地互相追逐以便寻求共生的和谐。它不断抽长新枝桠，自行改建老旧的宅枝，它或许曾在某个寒冷的冬日，因着雀鸟的猝亡流下叶片眼泪。当然，也曾经欢呼一窝乳燕的诞生，加演数场风与叶的奏鸣，这些在春日偶发，又在秋夜冷寂的故事，其实，并不阻碍它在夏日结实。它不曾因为过度布施而减低产量，这是一棵龙眼树。

我从不怀疑一棵果树带给人们的欢乐，哪怕早已习惯纸钞与水果的数算。树，有它自己的道理，人们采或不采，珍惜或糟蹋，都无碍于它像一个懂得布施的老人在路旁摆设流水席。最快乐的该是附近的孩子吧！他们成群攀打龙眼，或孤独地在星空下仰望这棵大树的情事，使童年有了支撑。为了孩子，树是有备而来的。虽然昔年涎鼻涕的小童，今日可能搂抱他的幺孙在树阴下摇击拨浪鼓，或成为对面山岗的一冢，树还是树，谛听晚风中逐渐消逝的拨浪鼓声，以及某个吉日清晨的出殡唢呐。人能够多说什么呢？华丽的语汇无法装点它的神采，苛刻的形容也无损于它的坚强。

忽然有一天，大树倒下了，死于建筑商的命令。我远远看它的叶子由墨绿终于变成枯干的褐黄，这过程大约一个月，有时步行回家，看得详细些，几只麻雀飞飞停停而已！黄昏仍然来了，日子还是很平静。没有人欺负一棵树吧，只是它生错了地方，像所有的树一样生错了时代。

我不放心的是，人为什么容不下一棵大树？它罪大恶极吗？它将挡住未来社区全部的光线？还是恐惧每年夏天龙眼绽花时居民将遭到蜂瘟？或者，坠落的龙眼粒将砸死树阴下嬉戏的儿童？是什么样的变故使现代人拿自然当做仇敌？遗忘在人的美感经验里，最初的赞叹与感动是自然教给我们的。为什么它拿人当做朋友，而人仇树？

崇拜摩天大楼的人不难找出一千个理由解释何以砍伐一棵大龙眼树，如果人们完全无异议，我必须说这是现代人意识里的弑母之欲，自然的确是人的原生之母，叛逆之、凌辱之、处死之才能建立人的权威，那种驾驭宇宙天地飞禽走兽花草树木的一家之主的权威。人当然还是购

买植物盆栽的，但这些只是用来证明，木瓜树、椰子树、栗子树、木樨树、玉兰树，都是我的奴仆。砍掉大树盖房子，盖了房子买小树装饰花台，家家户户搞绿化，这是哪一门哲学体系教出的道理？

如果所有的树都被歼灭了，我相信那个世纪的人们必须以眼泪去湿润龟裂的大地，用哭吼谴责上一代人的罪恶。因着他们的魔欲，使后世子孙找不到一棵大树来庇荫生命的孤独。

三尖杉

芳 薇

　　我的孩提时代，是在闽中山区的外婆家度过的。屋后山坡有一片苍翠的杉树林，我经常和小伙伴们到那里去捡杉籽，采蘑菇，掏鸟蛋，快活得像一群小鸟。外婆是村里颇有名气的土医生，谁有个肚疼脑热的，都爱找她看病。她最常用的药就是杉树籽。记得有一次，我肚子疼得难受，外婆用杉籽熬汤给我喝。说来也怪，不消半个时辰，肚子就不疼了。第二天清晨，我竟拉出好几条蛔虫。外公身体不太好，有时咳嗽咳得很厉害，外婆也用杉籽如法炮制，再加上一小块冰糖，外公服食后，居然也很见效。这些事情使我从小就对那片杉树有了好感和敬意。

　　到了 20 世纪 70 年代初，我在省城一家科研单位工作，才知道这种杉树不是普通的杉树，而是三尖杉树，三尖杉科三尖杉属的常绿乔木，我国特有的树种。当时，医学工作者对三尖植物进行了初步探索，发现三尖杉的总生物碱有一定的抗癌活性。不久，由福建、浙江、北京等56 个科研单位组成了三尖杉研究协作组，从三尖杉中分离出近 20 种生物碱，其中三尖杉和高三尖杉酯碱对白血病疗效最好。国际上用一般方法治疗白血病，要达到完全缓解的效果，需要复杂的设备和严格的条件，病人得承受难以言状的痛苦。而我国采用三尖杉和高三尖杉酯碱治疗白血病，方法简便，与普通的静脉滴注打针一样，完全缓解率可达 70%。

　　1984 年春天，我回到阔别的故乡，寻访儿时嬉戏的地方。使我吃惊的是，当年一片墨绿色的三尖杉不见了，光秃秃的山坡上只有一簇簇杜鹃花在春风中摇曳。一位童年时的朋友告诉我，这几年砍伐三尖杉树的现象较为严重，其中只有一部分送往制药厂，大部分被当柴烧掉或用于制作家具。大自然慷慨地恩赐给我们这么宝贵的植物资源，却横遭如此厄运，怎不叫人痛心？三尖杉，中华大地上特有的树种，我要为你呼吁，应该为你建造一个生长繁衍的保护区。

天山采雪莲

李如心

眼前是一块扇形倾斜的戈壁，像宽厚强健的肩膀，担着沉甸甸的山体，景色单调而空旷。天山就在尽头，似一堵黑森森的墙矗立在面前，给你一种神秘的威严，冷冰冰的底座幽幽发蓝，半山腰松林泛着黛青，仰瞻峰顶，冰雪在阳光下闪着银辉。

我们在这块缓坡上，一步一步艰难地往天山跟前走。戈壁上没有路，尽是大大小小的石头，间或有几株红柳、梭梭、飞蓬，在晨风中摇曳，显示出顽强的生命意识的存在。

我们是偶然相识的。那天晚饭后，我到街头散步，在街头的拐角处，看到一位长者蹲在路边，面前摆着几枝像干枯了的烟叶似的雪莲花。我走过去拿起看看，他冲我笑笑，他身材瘦小，面色黧黑，穿一件老式黄军服，脸上布满细细的密密的皱纹，但是目光有神，不显苍老，很难说准他的年龄。我问他多大岁数，他说开始吃 68 岁的饭了。我吃惊地说：你这么大年纪，还能上山采雪莲？他说他每年都去采，换些钱补贴一家人的生活。

他的话引起了我浓厚的兴趣，勾起了长期藏在我心里的一个夙愿，那就是到天山之巅去看看正在开放着的鲜活的雪莲花。

我问他雪莲长在什么地段。他说在雪线附近，高处没有，低处也没有。

我问他雪莲什么时候开花。他说6月底7月初,早了不开,晚了就凋谢。

我们就这样各自怀着各自的追求结伴同行。

我们沿着沟底傍泉而行。清凌凌的泉水在大小不等的石头间穿越蹦跳,发出哗哗的声响,更令人感到山野的幽静。

从沟边一直到山坡上,覆盖着茂密的绿茵茵的青草,草丛间盛开着各色各样的花朵,宛如一座色彩斑斓的花园。大部分的花草我叫不出名称,我只认得美丽娇媚的野芍药,卖弄风情的大黄,娇嫩艳丽的野牡丹,还有在泉边湿润的草丛中挂起蓝紫色小钟的贝母花,最多的是密密麻麻的小黄花,像一块块编织而成的绿底黄星的花毯。

一直到太阳偏西,我们才走到这座冰峰的脚下,远看它突兀凌立峭然无比,走近了反倒显不出它的雄伟和高耸了。

我们吃了点干粮,老杨就催促上山。他说今天采摘这座山上的雪莲,一定要在天黑之前回到山下,在山上过夜会被冻僵。明天一早上左边那座山上采摘,然后赶回马其克,这样第四天才能出山返回。否则,干粮吃完了要挨饿,饿了就走不动路,走不动路就会——他做了一个手势——塔西浪(死亡)!

我们沿着山的北坡上攀,很快进入针叶树云杉森林地带。这里阴深晦暗,寒气逼人,根本无路可走,满地都是灰白色的干枯的树枝。赤褐色的山岩上满是滑腻腻的青苔,每走一步都要付出巨大的能量。双腿像灌了铅似的沉重,胸口隐隐地闷胀,汗水从身上的各个部位往外溢出,似乎已经到了我能量的极限。可是,已经到了这个关口。目标近在咫尺,若不上去亲眼看一看雪莲的风姿,岂不功亏一篑,遗憾终生。于是我手脚并用,拼命往上爬。当我终于钻出森林地带,抱住最后一株云杉时,我再也不能动弹,软瘫在地上呼呼喘气。

这里往上再没有了树木。常识告诉我,这儿的海拔高度应该是2500多米,这是天山木本植物上限的绝对高度。往上看一条巨大的冰

舌伸延下来，后面连着冰峰雪岭。

这时的夕阳很红很红，像在西天燃起了一把火，然后在云块的隙缝里射下来万道金线，在冰峰的表面蒙上了一幅令人迷醉的帷幕。在暗蓝色的天穹衬托下，看上去轮廓异常清晰。

这里被冰雪常年覆盖的地方，永远板着一副令人望而生畏的冰冷的面孔。然而正是它使我们的绿洲欣欣向荣。在温暖的阳光下，它化作晶莹的水滴，化作淙淙的小溪，化作汹涌奔腾的河流。它是我们赖以生存的水的源头，也是生命的源头，是我们虔诚地崇拜的绿洲的母亲。

快来，快来！老杨的喊声提醒了我，我挣扎着爬起来往上攀登。老杨用手一指，我眼前仿佛一亮，在灰褐色形状怪异的鳝岩峭壁前，一块湿润的地面上，几十朵鲜活的雪莲花亭亭玉立，妩媚含笑。

淡绿色的茎秆有30多厘米长，交替生长着长长的叶子，嫩绿淡黄鲜嫩清秀。往上是多层叶状的苞片，近似淡黄色的膜质，犹如透明的蝉翼，能看清上面一条条棕色的叶脉。这些苞片簇拥着手掌大的厚实的绛红色的头状花序。

在这清澈明洁的雪山之巅，它们是那样的圣洁、清丽，一尘不染，温情脉脉。这是世界上最美好、最纯净、最自然的圣物。它们不按神的旨意，也不依人的意志，而是按自然的本能自由生存，这就是美。我被这质朴原始的美深深陶醉，心灵被包容在温馨的光芒中，仿佛四周的一切都不存在了，在我眼前幻化出一群端庄清秀，飘飘悠悠的倩女，在万里碧空轻舒曼卷，她们嫩绿色的霓裳配着白色长袖，迎风飘忽。有人说人在深山自为仙，此刻我也有飘飘欲仙之感。

不久夕阳沉溺到黄昏朦胧的烟雾中，山的轮廓在苍茫的暮色里渐渐模糊起来，我们得赶快趁夜幕降临之前下山。刹那间，老杨把那一大片亭亭玉立的雪莲花一棵棵连根拔起，毫不留情，一株不剩。我情不自禁地不自在起来，但又不好发作，只感到冰雪世界一片最洁净、最美丽的圣物横遭摧残、亵渎，心头震颤作痛。

我们默默地下山。

当黑夜过去，山里的黎明静悄悄地来临时，我躺在山坳里的草地上，浑身酸痛，疲惫不堪，再也不想再次上山了。

老杨一个人走了，去采撷更多的雪莲，去盗取更多的"仙草"。我看着他的背影，越走越远，越远越小，渐渐消失在茫茫山林间。

当天我们摸黑回到了马其克，尽管疲惫不堪，胸闷气喘，但是我仍然异常兴奋，心中鼓荡着神圣的激情，因为我看到了我们这个星球上最美、最纯、最净的圣物。

我躺在篝火旁，在恍惚迷幻之际，看到蓝荧荧的天上满是盛开的雪莲花。但愿这不是梦。

诅咒沙尘

范 曾

  风的肆虐，成为上世纪之末全球的景观。当圣诞节前欧洲人正为新千年来临祈祷的时候，一阵百年未见的飓风，拔起了成千株凡尔赛宫前的苍天大树，吹塌了巴黎圣母院的峭拔而巍峨的塔尖。天文学家告诉我们，这次飓风中心所宣泄的近乎狂暴的能量，可以点亮整个欧洲城乡的灯火。人们束手无策，在狂风之后，法国人春天般的笑脸变成了肃杀的隆冬。这是一个灰暗懊丧的圣诞节，人们在火炉前发出无奈的叹息。然而，这次风暴没有夹带沙尘，因为那是大西洋在抖动。风，决不厚此薄彼，春天来临，渐觉和暖、岸柳抽丝吐绿的时节，中国西北的、挟持着雪山寒流的高压气流倾泻着、呼啸着、席卷着一路的沙尘，以囊括四海、并吞八荒的气势铺天盖地而来，使日星隐曜，山川战栗。它跨越黄河，直抵北京；它威临长江，弥漫金陵。它一而再之，再而三之，前后12次沙尘暴，从而创历史的最高纪录。

  我们赖以生存繁衍的地球，亘古以来展开着一场绿色和黄色的殊死决战。哪儿有绿色，那么，这儿必然水源充足，碧波荡漾，那是生命滋衍的乐园；哪儿有黄色，那么，这儿一定海枯石烂，江湖涸竭，那是生命凋亡的墓地。当我们伫立罗布泊旧址，时时听到因风化而发出的地崩石裂的阵阵哀鸣，这儿已没有了水的因子，同时也就绝无生命的元素。在罗布泊，西北望两千年前的楼兰古城，在渺无际涯的荒沙中，只有昔

日的断垣残壁和方基圆身的、坍塌的佛寺在夕照中顾影自怜。那英武的汉人都护、那慓悍的鄯善国使者、那城楼呜哑的画角、那远方悠悠的羌笛都早已沉埋于历史的尘沙。然而，那时这儿曾一片葱笼，红柳成阴，连楼兰的城墙都是柳枝和黏土所构筑。"春风不度玉门关"是700年后王之涣的咏叹，可以肯定，彼时楼兰附近已然沙化。岂止一个古城会沙化成楼兰这样的形朽骸立，岩石的风化，狂沙的冲刷，同样在自然界创造着后现代抽象表现主义的雕塑，在美国的一个沙漠地形成了纪念碑山谷。连绵的山脉变成了一个个石柱，美学家们称这是造化的鬼斧神工。

由楼兰向东到河西走廊敦煌莫高窟，北魏时三危山前河水宽阔清澈，碧山倒影宛若玻璃世界，好一个净土梵域。这才有了此后凿洞以供养佛祖的虔诚的僧人和信徒，才有了才赡艺卓、超凡入圣的画师和雕塑家，创造了莫高窟这样的人类文化瑰宝。而今碧水隐迹，绿阴消遁，大风起时沙砾碰击，声闻于天，人们美其名曰鸣沙山，然而，这声调却是何等的凄凉而悲切。

再往东，在黄河上游陕西岐山、凤雏之间，这本是周代发祥之地，物阜民丰，在一座祭祀坑中发现了上万头牛作殉葬的牺牲，可见那时这儿曾是广漠无垠、水草丰茂的草原，直到汉代陕北墓葬中出土的画像石刻，上面有着种种的林木花草、奇禽异兽，断非先民对着如今天一般的黄土高原、沟壑沙丘虚构想像所可得，而得先民师法造化，传移模写的艺术杰构。千百年来植被消亡，水土流失，风和水同时冲击洗荡平整的高原，到如今满目疮痍，遍体鳞伤，那一条条的破败零落的沟湾，正诉说着历史的创痛。

继续往东，华北和中原，直到宋代，这儿还有绵延不断的森林。《水浒传》上那鲁智深大闹的野猪林，不正在从汴梁到沧州的充军路上吗？

中国的半壁河山植被状况今日已是不堪回首，而沙漠的进军正以每年2460平方千米的速度扩展。黄色对绿色的侵吞是绝对无情的、不知

不觉的，而这沙漠进军的最大目标是吞噬整个北京。距北京郊区延庆县界10千米河北境内的怀来县那儿已雌伏着大约400多公顷的沙漠，人们称它"天漠"，那是因为这上天的恩赐不期而至，谁也不记得何年何月一堆堆的小沙丘，会霍然坐大，巍巍然现在竟高达24米。而它的东进矢志不渝，每年以4～5米前进。我们记得古罗马那不勒斯附近的古城庞贝，在维苏威火山爆发的瞬间被山湮灭。而北京所遇到的沙患，却是积年累月地逼近。前30年沙漠的慢步前进，不动声色，然而惟其如此，人们惊觉到它的时候，已到兵临城下，今年频繁的沙尘暴无疑加快了它的步伐，在警笛齐鸣声中，引发了人们的一片惊惶恐怖。

沙尘，它的名字叫无情，沙粒是无情的基本粒子，普天之下，没有两粒沙子可以聚合，它们独自存在，没有对话、没有融合、没有交流。聚而成堆，散而零落，无隙不入，无远弗届。那是天成的无情而盲动的无生物，而当它们被飓风卷起的时候，它们集体性的盲动却构成了最明确的目标——破坏。据一位曾在戈壁沙漠考察的探险家告诉我，沙尘暴之起，竟是一幅如此恐怖的画图。一天他在沙漠上吸烟，那一线烟竟是如王维诗所称"大漠孤烟直"。燥热的大地没有一丝微风。忽焉，似有动静；忽焉，似闻远方沉闷的吼声；忽焉，惊沙坐飞，只见无数的沙丘旋卷为沙柱，像怪兽奔突、变大、逼近，然后日色黯淡，沙柱化为百丈沙浪，汹涌着，狂啸着。沙漠真正站立起来的时候，大地是深夜一般的黑暗，那是无穷大的妖魔鬼怪和恶兽，正如《毛诗》所谓："旱魃为虐，如炎如焚。"狂沙的中心，速度迅猛，所向披靡，横扫一切阻拦。探险家说，也许他正在边缘不曾被卷走。当狂风远去的时候，他已埋在齐胸的沙堆之中。只有经历过这次死亡体验的人，才深知无情界的盲动，所汇聚的力量是何等的可危可惧。

地球上生命的突然消逝，史有先例，我们可以追溯到距今6500万年恐龙的绝迹，这种曾生活于地球16000万年的巨大生命，飞于天空行于陆地，是统治一切的巨无霸。它们的顿然消失，一直是生物学史之

谜。一种最大的可能是巨大陨石撞击地球所掀起的迷烟瘴雾，不只使太阳无法烛照一切，而且窒息了所有的生命，包括大地的植被。人们曾在戈壁沙漠发现了恐龙的化石，可见连戈壁沙漠在距今几千万年前，也是一片大木擎天的森林和大沼深泽。那时全球都是恐龙的乐园，地球上似乎没有沙漠，在宇宙中，地球是一颗绿翡翠似的大陆和蓝宝石般的海洋镶嵌着的晶莹绚丽的行星。

今天，地球上最高级的生命——人，并不会遇到陨石撞击地球的危机，这样的噩运几率将以几千万年一次计。我们本来是可以在这星球上和睦相处的，然而，好斗乃是一切生命的基因，人类偏偏把这原始的基因推向极致，核战争和其他未知的更残暴的战争，会在一夜之间重演距今 6500 万年的地球大悲剧。

即使没有这样的全球性战争，我们对地球的未来也预感不佳，海洋的蓝宝石色泽已由于油垢和化工废渣的污染而变得晦暗，而大地的翡翠色泽已由于全球性的沙尘飞扬而枯黄。抬眼望去，平沙莽莽黄入天。从非洲的撒哈拉沙漠到阿拉伯沙漠到戈壁沙漠已然联手，澳大利亚的沙漠同样在扩大。30 年前由于干旱和过度放牧，非洲中部隆赫勒地区所形成的沙漠，将与我国内蒙地区牧场的沙漠化遥相呼应。亚非两大洲的沙漠正以空前的速度吞噬它们仅有的绿洲。接近赤道的全球热带雨林已经濒临灭绝，18 世纪欧洲探险家们所描述的亚马逊河流域森林的奇幻景象早已陈迹；而中国西双版纳地区的热带雨林已几乎不见，丁绍光的绘画也许会渐渐成为昔日的怀恋。全球雨量的减少、水源的危机、饮用水的奇缺是全球性沙漠化的前兆。中国华北地区地下水的水位 30 年前高于渤海 70 米，而今已仅达 20 米，如此，不用 10 年渤海倒灌的现象即会来临，那时人们的饮用水不知从何而来？黄河，我们的母亲河，乳汁渐干，年年断流。而降雨季节泥沙俱下，正预示着来年更为久长的断流。

人类的科技几乎以惊人的速度发展，科技正在满足人类不可填满的

欲壑。当对自然的掠夺成为一种暴力的时候,它对自然的破坏力之大完全不会轻让于真正的战争。电气化产品和其他工业释放的大量二氧化硫和氮氧化物的废气化为酸雨,成为生态和谐的杀手,以浇土地,草木不生;以注江河,鱼虾消亡;以为饮料,人命危浅。对地球生命的最后杀手,则是臭氧层的破坏。臭氧层是看不见的地球生命的忠诚卫士。氧吸收紫外线成为臭氧,从而阻挡了紫外线直射对生命的摧毁,而人类自身对此不仅不心怀感激,反以破坏臭氧层为己任。空气污染、化学药物都使这一稀薄的气层逐渐产生空洞,终至最后破坏。这已存在了几十亿年的捍卫地球的伟大勇士倒下之日,正是地球所有生命的末日。地球的沙漠化使耕地减少,而人口的激增,对地球的索取日甚一日,为获取更多的食品,化学药品和肥料大量使用,化学药品上破坏臭氧层,下摧毁生物食物链,农作物吸收之后同时成为残害人体的毒品。人类的智慧在这互为因果的怪圈前显得顾此失彼,捉襟见肘,决海救焚,焚收溺至。自以为科技足以使自己缰辔在手,驾驭着地球长驱疾行,然而造化正以它冥冥的伟力,叫人类放下鞭子。人类榨取地球、奴役地球、鞭笞地球、作践地球,却何时给它些微的关怀、爱心和温暖?地球,你使我想起俄罗斯歌曲中那匹可怜的老马。

地球再不是诺亚的方舟,当动植物对人类最后失去信心的时候,它们会寂然离去,动植物死亡的速度,不啻是人类自身的殷鉴,人类,你安全吗?据科学家预测,如果不逐步减少或禁止使用化学品,不育症可能如中世纪的黑死病蔓延,到2050年男人有可能完全失去生育能力。伟哥吗?那治标不治本的玩意儿,只是商人的骗术,它和人类的延续毫无关系,只满足欲望,而不肩负责任。

人类的分崩离析并不以1985年3月《保护臭氧层维也纳公约》、1992年6月在巴西里约热内卢召开的联合国环境与发展大会、1996年7月《气候变化框架公约》、1994年6月《防治沙漠公约》的开始实施和推进而凝聚和团结。当人们还不能把国家和民族的利益放到国际大背

景上去认真考虑的时候，你希望全人类同时幡然大悟，共登云津宝筏，也完全是空想。当俄罗斯的站也站不稳的叶利钦，用他那呆滞而顽固的眼神和话语告诉美国，他有核武器的时候，那精力弥满、时时露着鄙俗笑容的克林顿，报以蔑视的一瞥。显然，他们忘记了自己曾是那些国际公约的签字国。但是权力赋予了他们漠视一切的可能性，我们很难肯定当时叶利钦不会用他那动作迟钝的手去按一下什么电钮。

霸权的背后当然是利益，利益的特殊等价物是金钱，金钱的至高代表是黄金。啊，黄金，你是从沙子里淘出的啊，你灿然夺目的黄色是黄沙的光荣。葛朗台老头临死以前对着金币发出了赞美："这，多美的颜色啊！"这赞美之声已汇为全球的大交响，和沙尘暴同样在吞噬着地球的绿色。

温州的坟

徐　刚

一

高度的物质文明，日益发展的商品经济，不知道多少人在富起来，也不知道使温州以外的多少人垂涎！然而，温州确实面临着这样的苦恼：财富的积累不等于文化的积累，人类文明的走向并非总是沿着黄金大道运行的，它无疑将受到传统的现代的文化的制约和影响。因而在贝切伊教授呼唤"人类的进化史本质上是文化的进化"的 10 年后，富起来的温州人却在忙着占山造坟，把一大把一大把的钱花在死人身上，不仅让死人有墓穴而且有殿堂，殿堂愈造愈大愈辉煌。1986 年清明修造的陈氏宗族墓室占地 264.99 平方米，造价为 2 万元。坟正面的漆画是当地一流漆匠花了半个月时间一笔一笔绘出来的。画面不俗色彩和谐，然而遗憾的是艺术的功能是离不开艺术所为之服务的对象的，幽灵不再欣赏艺术，活着的人以艺术为手段炫耀金钱和财富，剩下的便是迷信的泛滥、铜臭的扩散了！与此同时，人们用以种粮食种蔬菜的土地不断减少，如果再这样延续下去，我们的子孙将来所面对的将是满山满坡的坟墓，他们何以立足？

温州的造坟运动是与温州的商品经济同步发展的。

乐清是温州富得较快的一个县,有96万人口,每年死亡率为4‰,以一般墓室占地30平方米计算,这个县每年减少69公顷土地。而这些土地大多占的是坡度25°以下向阳温暖的风水宝地,是温州难得的水果林用地,却让给死人晒太阳了。

温州的青山上毁林严重,零星的树木也在急速地减少,人均耕地还不到1公顷。温州市9县2区,每年在青山绿水间要冒出3万座坟墓,占100平方米的土地!棺材消耗的木材数也是惊人的,乐清县每年为此耗去的木材是1362立方米!

由此可知,温州人所创造的财富的一部分是用之于对文化的倒退、封建迷信的复活以及对自然环境的破坏。正是这一种破坏将要危及未来人的生存和素质。这一切问题的实质主要不在于财富本身,而在于人们怎样使自己、使文化和文明的进步同已经改变了的时代步调一致。

二

温州的土地珍贵,温州的树木更珍贵,然而在温州不仅为死人造坟,还要为死人挖树。温州的旧俗,死了人的家庭,兄弟有几人就在坟山上挖几棵树带回家,沿用至今,死一人至少要挖两棵树,以温州每年死3万人计算,仅仅因为死人而毁林一项,一年就在6万棵以上!

难怪穿行在温州的大街小巷,会不时看见民宅前立着两棵松树或柏树,小的不到1米,还是树苗苗,大的高近30米,已是根深叶茂,这就是温州的活人为死人而挖掘的"风水树"。

更使人惊讶的是,在温州也许大家都忙着去想方设法赚钱,对于造坟挖树这样的事竟习以为常。市里每年发一个通告重申火化的规定,但温州人在有钱之后更加害怕火化,都想借土地的灵气来荫庇子孙后代,以至城里人死后,一部分死者家属却想方设法到乡下找坟地。1987年第一季度的统计表明,温州市区死亡600余人,火化200余人,只占三分之一强。

活人都往城里跑，死人却到乡下埋，温州人活着与死了都很精明
——这是一些外地人的评论。其实至少在造坟挖树这一点上温州人的精
明是很不可取的，到底是青山绿水好，还是坟山荒野好？然而我也想起
了一位西方哲人说的一句话：20世纪发生的一切都是不可思议的！真
的，真的很难解释：贫穷的人想毁林致富，富有的人却把树连根挖掉！

三

据说造价2万元的坟，在温州还不算是最显赫的，有的坟瓷砖围
墙，青石铺地，仅仅墓前一个远看很可以同古建筑乱真的飞檐翘角的凉
亭，造价便达四五千元。而这个凉亭的用途是为每年清明扫墓人歇脚
用的。

在中国，几乎所有的大中小城市都在为公共设施的不健全而伤脑
筋。有钱的没有建筑材料，有了材料的没有钱，即使在温州，厕所和不
少的街道显然是又脏又乱的。人们精心于自己家里的现代化及家人死去
后的墓地的现代化，却以十分的冷淡对待社会福利事业和共同的生活环
境，认为与己无关。

怎么能无关呢？阳光与空气是共同的，即使在夜晚把门窗全部关
死，你也无法同世界隔绝，明天一早还得开门。污浊的空气、肮脏的街
道、垃圾的臭气、厕所的污秽都会出现在你的面前。

谁教你让死人占去了良田的？

谁教你把绿树送给幽灵的？

我们在创造物质的财富时很容易不去留心——

我们也在制造土地的沙漠，

我们并且还在制造心灵的沙漠。

温州，你是富有的，也是贫穷的；你是先进的，也是落后的。也许，你的越来越富有会使你越来越贫穷，你的越来越先进会使你越来越落后。

你将没有绿色！

一封无处投寄的信

——吊西石门村

黎先耀

子良、振纲、玉勤：

真想不到我是永远回不到曾与你们共同生活过的西石门村去了。燕山深处这座偏远的小村庄，由于今秋遭受毁灭性的灾难，才为人们所知；但也仅只留下了一个名字，实际上已不再存在于世间。谁能料到恩格斯在《自然辩证法》一书中警告过的"大自然的报复"，居然这样残酷无情地降临到了咱们村儿的头上来了。如今你们已用自己最沉痛的代价体会到了这个严峻的生态规律。

虽说是 6 月上旬，京郊北部山区接连那两场降水量总计多达五六百毫米的暴雨，引发了地动山摇的泥石流。喝醉了的燕山像一条恶龙似的，吼声震天，张牙舞爪，顺着坡沟疯狂地猛扑下来，顷刻之间完全吞没了这座 69 户人家的村庄，连同还来不及完全转移的 10 位不幸的乡亲。但是，发生这种当地群众称之为"龙扒山"的可怕灾变，除了山体地质构造上存在的隐患外，长期乱垦滥伐，造成严重的水土流失，也不能不说是这场天灾中不容低估的"人祸"因素。

当时，你们几位干部带着全村劫后余生的 200 多位乡亲，两手空空，眼泪汪汪地逃避到山头上，望着祖祖辈辈，胼手胝足，含辛茹苦经营起来的家园——田地、林木、牲畜和房屋，霎时统统从眼前消灭了。

这真如一场恐怖的梦，把你们惊悸得目瞪口呆，不知所措了。玉勤，你虽是一条硬汉子，也怎么承受得了家中突然失去5位亲人的致命打击呢？请你们接受我们对村里死者的深切哀悼和对生者的诚挚慰问。

我从电视屏幕上看到，昔日黄昏我们从后沟下工回来，山脚下那一片熟悉的瓦房和炊烟，现已变成满窖的乱石，以及残檩断柱上飘挂着的破烂的衣服。"鸟无声兮山寂寂，人不见兮草萋萋！"《北京日报》通讯所描绘凭吊西石门村灾后的惨状，是毫不夸张的写实。这不禁使我联想起往年深秋时节，跟你们到后山去收萝卜时，看到刀耕火种后撂下的荒地上，石块、树桩遍地狼藉的那种怵目惊心的景象。

记得是个寒冷的冬季，公社分配下放干部到各村去插队那天，是玉勤赶着大车来长哨营接我们的。车过顶栅子，山沟愈来愈狭，冰道愈来愈崎岖，好不容易才进了那峭壁夹立，寒风飕飕的石门。玉勤用鞭梢指着前面一座高高的山头说："看到雕窝，咱们西门村就快到了！"还告诉我们，二三百年前，当你们的祖辈最初来此烧炭谋生的时候，这里林深树密，不用说车，连人都进不来哩！可是现在要打背柴都不容易了。"你们看，连原来砬子顶上树枝搭的雕窝，都有人上去拆回家当柴烧，气得老雕从此搬家走了！"

在"四人帮"迫害知识分子的动乱年代，下放干部却受到了西石门村淳朴的山里人的热诚接纳。我们到村的第一个晚上，你们早给我们住处的灶里烧着碗粗的柞树橛子。我至今也忘不了那晚从未睡过的多么温暖的热炕啊！

山村人家无论做饭、取暖，都是靠烧柴。当时山里生活十分穷困，冬天单衣薄被，各家常把炕烧得都烫手。灶膛真是填不满柴火的无底洞。村里人口增加，灶也相应地增多。村子附近的柴打光了，就越打越远，越打越难打，连树根都刨来烧火了。邻村之间因此也常发生越界打柴的纠纷，有时甚至扣夺对方的柴刀和背架。打柴却是山里最累最苦的重活儿，冬天常天不亮，就要上山去背夏天打下的柴，这是女孩子干不

了的。因此，村里谁家生了个男孩子，人们就会向他道贺，添了个"供灶的"！

伐树卖木料，是西石门村的一项大宗收益，常作为年终分配时，渡难关的救急办法。我也曾起早进山去扛过盖房用的杨木和桦木。还有烧炭，仍是村里的一项冬闲时的副业，我也帮着装过炭窑。胳膊粗的杆儿，成捆成捆地砍来烧炭，真可惜呀！

村里盲目垦荒，高山陡坡也都种上了庄稼。其实，种点棒子，不是还没掰，已经冻死，就是让老鸹给撕吃了。栽点豆子呢？也都充当了野兔的美餐。咱们村儿不是有这样的怪现象吗？就是牛，让它们闲着；人，却自己拉犁。那是因为山沟里有些地块太小，连牛屁股都转不过来啊！我也曾跟你们一起去尝过拉"扛豁子"①的滋味，连肩都肿了。记得人们对我讲过这样的一个笑话：有个傻小子，到山上去种地，他父亲嘱咐他耕完10块地，再回家吃饭。他耕完了，数来数去只有8块．就坐在地头大哭。有人问明原因，笑着告诉他：拿起地上你的蓑衣和斗笠，那底下不是还盖着两块吗？抗日战争时期，平北游击队建立的丰（宁）滦（平）密（云）民主政府，为了躲避敌伪的扫荡。曾隐蔽在这深山岩洞里办过公哩！后来，由于山上树林越砍越少，连山牲口也难以存生了。振纲，我们下放的第二年，不是一只老豹了大白天竟进村来叼猪，你还被咬伤了，成了打豹除害的"英雄"，豹皮送到县武装部，还领了奖金。我知道村里主要看上了豹子身上那副值钱的骨头。现在金钱豹已列为国家保护动物，再打就犯法了。还有砬子顶上的柏树也寥寥可数了，以柏籽为食的寒号虫已绝迹，"五灵脂"②成了珍贵药材。最后，连过去遍山都是的山姜、玉竹、知母之类常见的药材，也快被刨尽了。现在想来，我们下放劳动期间，没有帮助在绿化造林，水土保持和生态平衡方面当好你们的"参谋"，实在愧对厚爱我们的乡亲们。

改革开放以来，山区也实行了联产承包责任制，并且改变了过去片面"以粮为纲"的做法，因地制宜开展多种经营，西石门的生产和生活

都比过去强多了。我们在的时候，春天不少人家还要捋树叶、挖山菜度荒。听说如今大米、白面常年不断了。那次，子良进城来看我，说现在村里办工业，买了电锯，做家具卖，托我找销路。我心想，山上不知又要砍掉多少树了。靠山吃山是对的，但是吃山还必须养山。古人也知道"斧斤以时入山林"，我们后人总要设法留得青山常在，才能谈得上发展山区建设啊！

近从报上得悉，西石门村的全部灾民已由怀柔县安排，迁往平原地区庙城等处安家落户，不但各家都有了生计，孩子们也都上了学。正如子良对记者说的，这样大的灾，要是在旧社会，只有逃荒这一条路了；如今全村老小都得到了政府的妥善安置，党真是我们的大恩人，社会主义确是我们的命根子。现在，你们已有一个可以过冬的温暖的新家，我们也放心了。

如今人去山空，西石门村已从地图上消失了，你们的新址没有打听到，我这封无处投寄的信，只好借报刊公开发表，希望你们能够读到，当做一次朋友的叙旧。同时，也希望信中所谈到的关于山村的一些生态保护问题，对现在北京正在制订的边远山区 10 年建设规划，也许会有一点参考的价值。

我深知你们虽然离开了西石门，心恐怕还依旧留在那乱石窖里。我们相信燕山深处这条曾洒过革命烈士鲜血的穷山沟，决不会陷于万劫不复之地，总有一天能重新建设得美好起来。

祝你们建设好新的家园！

① "扛豁子"，是一种用人拉的犁。
② "寒号虫"即鼯鼠，它的粪便入中药，称"五灵脂"。

五、凭吊牺牲

世上最危险的动物是什么

曲格平

　　"世界上最危险的动物是什么？"这个问题写在德国艾科尔特野生动物园的一座小木屋的墙上。碰到这样的问题，你怎么回答呢？有些朋友很可能想到猛兽，如狮子、老虎等。这个野生动物园在提出问题的同时还告诉参观者，这个问题的答案在你打开木屋的门就可以看到。当然这并不妨碍参观者发挥自己的想像力，只是这个答案常常是人们所想像不到的。这个"答案之门"一打门，参观者看到的是一面大镜子，参观者的尊容尽在里面。它实际上是在告诉参观者：最危险的动物是人类！我国有些从事环境教育的老师在看了这个小木屋后用"震撼人心，令人永生难忘"来形容自己的感受。

　　世界上最危险的动物是人类！这绝不是危言耸听！我们惟一的地球家园已是遍体鳞伤。土地荒漠化不断扩展，污水横流，加剧了水资源的短缺，大气污染使我们看不到蓝天，呼吸不到新鲜、洁净的空气，地球物种灭绝的规模和速度前所未有。总之，生态环境恶化已是不争的事实。

　　长期以来，人类以地球的主人，自然的征服者自居，忽视了其他物种和自然界万事万物的内在价值。在现代，物种大规模灭绝等生态灾难，主要是由地球上的一个物种——人类的活动造成的。现代人类拥有消灭其他物种的一切手段。但我们必须承认，人类和它们是休戚相关的，它们和人类共同拥有地球家园。人类只有善待生物、善待地球才能拯救自己。

我国的现代化建设也面临着严峻的生态环境形势。据有关专家估算，我国由于环境污染导致的损失每年达2800亿元，真是一个惊人的数字！脆弱的生态系统呼唤公众生态意识的觉醒。目前，包括青少年在内的我国公众的环保意识有喜有忧。喜的是社会公众越来越关心、重视环境问题，环保问题成为城市居民关注的焦点。忧的是公众有关生态环境方面的知识比较缺乏，因而影响了环境意识的总体水平。许多人不知道我国人均耕地、淡水、森林、野生动植物等资源的情况以及相关知识，不知道"世界环境日"、"地球日"、"国土日"、"世界人口日"、"爱鸟周"等环保纪念日期，认为保护环境主要是政府的事，自己没有多少责任。因此，加强环境教育，普及生态科学知识，是一项迫切的任务。

我很高兴地看到，中国国土经济学研究会环境与发展专业委员会组织有关专家编写了"绿色未来丛书"。我很赞成编写这套丛书的宗旨和目的："公众缺乏环境意识，这是造成我国当前严峻的生态环境形势的重要原因，也是我国环保工作所面临的一大困难。在青少年中进行环境教育、普及绿色意识，是拥有绿色未来的关键，是素质教育的重要内容。"

环境安全，将成为21世纪国家安全的一个重要方面，也将是21世纪的主人、今天的青少年关注的主要问题。增强绿色意识，营造绿色未来，不仅是我们每代人的职责，而且应该成为我们的一种思维方式和生活方式。

一座鸽子的纪念碑

［美］利奥波德

我们树立了一个纪念碑，用它来作为追念一个物种的葬礼。它象征着我们的悲哀。我们悲痛，是因为活着的人们将再也看不见这胜利之鸟的气势磅礴的方阵。它们曾在三月的天空为春天扫清道路，把战败了的冬天从威斯康星所有的树林和草原中驱逐出去。

还记得他们青年时代的候鸽的人仍然活着。那些在它们年轻时曾被鸽群呼啸着的有力的风摇撼过的树木也还活着。然而，10 年后，就将只有最老的橡树还记得，时间再长一些，就将只有那些山岗还记得。

在书中和博物馆里总会有鸽子，但这是一些模拟和想像中的形象，它们对一切的艰难和一切的欢乐都全然无知。书中的鸽子不能从云层中突然窜出来，从而使得鹿要疾速地去寻找一个躲藏的地方；也不会在挂满山毛榉果实的树林的雷鸣般的掌声中振翅飞翔。书中的鸽子不可能用明尼苏达的新麦做早餐，然后又到加拿大去大吃蓝草莓。它们不懂得季节的要求，它们既感觉不到太阳的亲吻，也感觉不到寒风的凛冽和天气的变换。它们在没有生命的情况下永存着。

我们的祖父在住、吃、穿上都不如我们。他们用以和命运做斗争的努力，也是那些从我们那里被剥夺的鸽子的努力。大概，我们现在悲痛，就是我们不能从内心确信我们从这种交换中真有所得。新发明给我们带来的舒适要比鸽子给我们的多，但是，新发明能给春天增添同样多

的光彩吗?

自从达尔文给了我们关于物种起源的启示以来,到现在已有一个世纪了。我们现在知道了所有先前各代人所不知道的东西:人们仅仅是在进化长途旅行中的其他生物的同路者。时至今天,这种新的知识应该使我们具有一种与同行的生物有近亲关系的观念,一种生存和允许生存的欲望,以及一种对生物界的复杂事务的广泛性和持续性感到惊奇的感觉了。

总之,在达尔文以后的这个世纪里,我们确实应该清醒地认识到,当人类现在正是探险船的船长的时候,人类本身已经不是这只船惟一的探索目标了,而且,也应该认识到,他先前所担负的责任,就其意义而言,只是因为必须要在黑暗中鸣笛罢了。

照我看来,所有这些都应该使我们醒悟了。然而,我担心还有很多人未能醒悟。

由一个物种来对另一个物种表示哀悼,这究竟还是一件新鲜事。杀死最后一只猛犸象的克罗—马格诺人想的只是烤肉。射杀最后一只候鸽的猎人,想的只是他高超的本领。用棍棒打死最后一只海雀的水手根本什么也没想。而我们,失去我们的候鸽的人,在哀悼这个损失。如果这个葬礼是为我们进行的,鸽子是不会来追悼我们的。因此,我们超越野兽的客观证据正在于这一点,而不是在杜邦先生的尼龙中,也不在万尼瓦尔·布什先生的炸弹上。

这个纪念碑,就像一只立在这个悬崖上的游隼,它将瞭望这个广阔的山谷,并将日日夜夜,年复一年地注视着它。在一个又一个的三月里,它将看大雁飞过,看着它们向河水诉说冻原的水是怎样清彻、冰冷和寂静。在一个又一个的四月里,它将看着红色的蓓蕾长出来,然后又消失。在一个又一个的五月里,它要看着那布满千百个山丘的橡树翠色,探询着什么样的林鸳鸯将在这些椴树中搜寻带洞的树枝,金色的黄森莺将从河柳上抖下金色的花粉。白鹭将在八月的沼泽做短暂的停留;

鸫鸟将从九月的天空传出哨音；山核桃将啪嗒啪嗒地打在十月的落叶上；冰雹将在十一月的树林中引起骚乱。但是，没有候鸽飞过来。因为没有鸽子，所以留下来的只是这个悄然无声的、用青铜制成的立在这块岩石上的阴沉形象。旅行者们将会来读它的碑文，但他们的思想将不会得到鼓舞。

经济学的说教者对我们讲，对鸽子的悼念只不过是一种怀旧的感情，如果捕鸽人不把鸽子消灭掉，农民们为了自卫，最终也将当仁不让地来执行消灭鸽子的任务。

这是那些非常特别的确有根据的事实之一，但是，却没有理由来这样说。

候鸽曾经是一种生物学上的风暴。它是在两种对立的不可再容忍的潜力——富饶土地和空气中的氧——之间发出的闪电。每年，这种长着羽毛的风暴都要上下呼啸着穿过整个大陆。它们吸吮着布满森林和草原的果实，并在旅行中，在充满生命力的疾风中消耗着它们。和其他的连锁反应现象一样，鸽子只有在不减弱其自身的能量强度时，才能生存。当捕鸽者减少着鸽子的数目，而拓荒者又切断了它的燃料通道的时候，它的火焰也就熄灭了，几乎无一点火星，甚至一缕青烟。

今天，橡树仍然在空中炫耀着它的累累硕果，但长着羽毛的闪电已不复存在了。蚯蚓和象鼻虫现在肯定是在慢腾腾地和安安静静地执行着那个生物学上的任务——然而，那一度曾是个从空中发出雷霆的任务。

问题并不在于现在已经没有鸽子了，而是在于，在巴比特时代以前的千百年中，它一直是存在着的。

鸽子热爱它的土地。它生活着，充满着对成串的葡萄和果仁饱满的山毛榉坚果的强烈渴求，以及对遥远的里程和变换的季节的藐视。只要威斯康星今天不提供免费食品，明天它就会在密执安、拉布拉多或者田纳西搜寻和找到它们。鸽子的爱是为着眼前的东西，而且这些东西过去是在什么地方存在过的。要找到这些东西，所需求的仅仅是一个自由的

天空，以及振动它的双翅的意志。

爱什么？是现在世界上的一个新东西，也是大多数人和所有的鸽子所不了解的一个东西。因此，从历史的角度来看看美国，从适当的角度去相信命运，并去嗅一嗅那从静静流逝的时代中度过来的山核桃树——所有这些，对我们来说都是可能做到的，而且要取得这些，所需要的仅仅是自由的天空，以及振动我们双翅的意志。我们超越动物的客观证据正是在这些事物中，而并非在布什先生的炸弹里和杜邦先生的尼龙中。

（侯文蕙　译）

无补于人

黎先耀

南宁街头有人公开出售国家保护动物，夜市小吃摊上都可吃到"银耳炖穿山甲"等野味（1987年8月7日《经济日报》）。

这消息使我想起去年初夏时节，在闽北一个集市上目睹的这样的场面：

铁丝笼里，拥挤着大大小小七八只畏首畏尾的穿山甲。它们把尖尖的脑袋，竭力往胸怀里蜷缩，抱成了一个个盖满鳞甲的圆球，显示了这种古老动物保护自己的本能。可是无济于事，那个商贩伸进一只戴手套的大手，熟练地一把抓住穿山甲剑鞘似扁平的尾巴，将它倒提了出来。商贩拿起锤子，对准那可怜的小脑袋，猛力一击，然后从昏迷的动物口里拉出约半尺长的细舌头，一刀割断，让鲜红的血流注在地上的酒杯里。这时，有人急忙从衣袋里掏出几张人民币，交给商贩，然后端起一杯穿山甲的血，趁热一饮而尽。我不由得惊讶地问道："喝这个，干什么？"那人斜睨了我一眼，不屑地答道："补，补嘛！"满足地咂咂愚昧的厚嘴唇。再看那只被杀害的穿山甲，已经被小贩用开水烫脱了黑色鳞甲，雪白的肉，宰割成一块块，正在过秤卖给别的顾客。

那次我们在闽北山区考察，乘坐的吉普车就曾被横卧在路中间的杉木堵住过。下车一看，原来是被白蚁蛀倒的电线杆子。司机是位当地的畲族老乡，他跺着朽木，叹息道："这几年，人们大量捉卖'拉鲤'（穿

山甲，古称"鲮鲤"；福建方言叫"拉鲤"），特别是这个季节，挖穴掏窝，连同吃奶的幼仔都一起捕杀。可是'拉鲤'会上树钻地，是专吃白蚁的啊！'拉鲤'越来越少，白蚁可就越来越多了。我们村寨后的茶林，就被白蚁毁掉了不少。山里人主要靠茶叶为生，吃'拉鲤'，不就等于吃自己的肉吗？"他的这番话，真是一刀见血！

乱捕滥猎珍贵野生动物，借此渔利的现象，一直没有有效地制止。这些年来，广西地区被捕杀属于国家一类保护动物的有：懒猴、白头叶猴、黑麂、河麂等。属于国家二类保护动物的则更多了，有：黑头叶猴、猕猴、熊猴、穿山甲、山瑞、大鲵、蟒蛇、隼鹗等。活猴交易明显地愈来愈猖獗了。我曾看到一个柳州商贩的笼子里，关了好几只黑头叶猴，当地叫"乌猿"，旁边放着一篮作为补药出售的"乌猿骨"。当一个顾客从大乌猿怀里，买走小乌猿时，那只瑟缩在笼角里的母猴转动着白脸孔上一对乌溜溜的眼珠，恋恋不舍，哀哀啼叫的情景，至今使人难忘。至于那只小猴子，当然很难逃脱炮制"乌猿酒"的命运。

一位热爱珍贵动物如儿女的老专家，看到自己家乡的这种状况，曾痛切地对我说："我真为我的老乡们感到脸红。不少两广人特别讲究吃些大'补'。不管天上飞的，地上爬的，水里游的，树上跳的，总之无一不补，没有不敢吃的。但是，吃了究竟是否身强力壮了呢？海南岛的我国特产坡鹿，有些人传得就更神了，说吃了不但本人能健身强骨，而且还能补及子孙三代。真是天晓得！而华南的野生动物确实减少了，生态环境也明显恶化了。这真是可怜，可惜，又可叹啊！"

保护野生动物，就是保护人类自己。把野生动物当做"补品"，其实不但无补于人，反是自食其肉，总有一天会自食恶果，噬脐莫及的。人犯错误，一般是可以过后纠正的。但惟有破坏生态的失误，有些是永远无法弥补的。如果把一种野生动物从地球上消灭了，那它们就永诀人间，成为人类的千古之恨了。

我们在那次考察途中，曾借宿于闽北一个畲族山村。黄昏，我在田

间小路上，遇见一位头梳高髻，身穿青布袄的畲族妇女，用自己镶花边的围裙，抱婴儿似的兜着一只被孩子捉来的小穿山甲，送到村后山坡上去放生。昔日山上的"拉鲤庙"虽然早已废圮，但今天这位可敬的穿山甲的"保护神"的身影，仍深深地刻印在我的心间……

见蛇就打七分罪

梁秀荣

农历去年值戊辰，"龙年"着实热闹了一番。今岁逢己巳，人们讳言"蛇"，故称"小龙"。今年对待"小龙"的规格。比起"大龙"来，显得差多了。

人们对"龙"虽然有褒有贬，到底还是赞颂者多，膜拜者多，可是它毕竟是人们虚构的神物，只是一种权力或吉祥的象征而已。而蛇却是能踩着的实体，一般人对蛇总是抱着惧而避之的态度。

作为华夏某些部族的"图腾"，蛇的资格要比"龙"更为古老，"画蛇添足"还是以后的事。从战国以来传世的石刻和绘画中，都把相传为人类始祖的伏羲和女娲，描绘成一对人首蛇身的夫妇。闻一多生前对此作过大量的考证。不但我国大陆出土的仰韶文化的陶器上绘有蛇氏族的图腾，至今台湾高山族同胞，还把蛇作为本民族的保护神，奉若圣明。

《圣经》创世纪里，亚当与夏娃就是受了蛇诱惑，偷吃上帝智慧的禁果，被逐出"伊甸园"的故事，即反映了人类祖先早已与蛇相处的历史。"一朝被蛇咬，十年怕草绳。"人类也许由于从最早树栖，直到以后下地穴居的漫长的史前生活年代里，经常受到蛇的惊扰与侵袭，因此，"杯弓蛇影"，恐蛇心理至今仍留存在记忆里。屠龙究属子虚乌有的神话寓言，蛇肉却是早已摆上人们的餐桌。那么为什么人们感到，对蛇还是比对龙要神秘得多呢？我看主要还是一般人对蛇仍不甚了解，存在着

迷信。

蛇对人总的来说，真是既有经济效益，也有社会效益的动物。不是这样吗？蛇全身都是宝。蛇皮可以制革，蛇胆、蛇血、蛇蜕可以入药。不论是毒蛇，还是无毒蛇，蛇肉、蛇蛋皆可烹佳肴。广州仅"蛇王满"一家餐馆，每年就要用去活蛇 10 万多条。就是"蛇毒"，也是提炼贵重药品的原料。广西北海市每年从北部湾里捕获大量海蛇，仅蛇毒一项产品，就可为国家创汇 200 多万美元。

再说，我国产的蛇有 170 多种，其中毒蛇约占五分之一，一半是海蛇。蛇一般并不主动袭击人。其实，人们只要了解了蛇的生理构造。掌握了蛇的生态规律，不仅能防治它，还能变害为利。如蛇是近视眼，又没有耳朵，但是它的"内耳"对振动的感觉很灵敏，因此，人们在有蛇出没的地方行走，手里总要拿根棍子"打草惊蛇"。民间耍蛇的人，吹笛就能使聋蛇起舞，奥秘在于他在地上打拍子的脚。五步蛇、响尾蛇夜间捕食，靠的却是对热极为敏感的颊窝。响尾蛇导弹就是这种蛇的热敏颊窝的仿生。蛇的腭骨不是用关节，而是由韧带连结的，因此，它的嘴可以张大到 150°，"蛇吞象"的比喻就是来源于此。

下面谈谈蛇的社会效益。蛇不仅是最灵敏的"地震预报员"，而且还是捕鼠的能手，比猫厉害，人们赞誉它为"无脚猫"。有人曾调查，一条蛇一年大约能灭鼠 150 只。"不管白猫、黑猫，能逮住耗子就是好猫。"这确是一句阐明凡事要注重实效的名言。用这个标准衡量，不管有脚、无脚，蛇确实可称之为"超级猫"了。秦牧有篇散文《蛇与庄稼》，里面引用了已故哲学家杜国痒讲过的一则故事。广东潮汕地区曾发生了一场大海啸，海水倒灌，淹没了村庄。灾害过后，虽然风调雨顺，生产恢复，却总是连年歉收。后来，村里一位老农从外地带来一批蛇，放养田间，那年就获得了丰收。其中的奥妙是：海啸成灾，蛇鼠虽然同受其害，但是老鼠幸存下来的多，繁殖又快，而田鼠的死对头——蛇却被淹死了，因此，田鼠肆无忌惮，造成了大害。现在我国每年不仅

大量捕蛇，作为致富的一条门路，并且大量毁林，使蛇也失掉了不少赖以生存的环境。蛇的大量减少，则助长了鼠患。如川东某县的土产公司，一次就要收购无毒蛇20多万条，作为生财之道。四川的鼠患较重，不能不说与当地过度捕蛇有关。

如今，保持生态平衡的重要性，逐渐为人们所认识。不分有毒、无毒，"见蛇不打三分罪"的传统偏见，似乎是应该纠正了。盲目打麻雀的教训，大概人们还不曾忘掉吧。麻雀秋天里虽然啄食点粮食，可是春夏却为人们捕捉了大量害虫。我们却曾经发动男女老幼一齐上房轰打麻雀，现在想来不禁要发笑哩！我国的邻邦印度，是一个蛇类资源丰富的国家，在蛇皮出口方面，曾长期居世界首位。蛇因皮丧生，无数的蛇死于刀下。印度虽然每年总有不少人被毒蛇咬伤，直至致死，但政府为了保护蛇类资源，还是于1975年颁布了禁止蛇皮出口的法令。

民谚曰："鼠吃蛇半年，蛇吃鼠半年。"春节过后，惊蛰一到，就是蛇从冬眠中苏醒，出洞捕鼠的时候了。蛇年来到，希望人们能保护蛇，让蛇多消灭些危害人类的老鼠，以保证庄稼丰收和人民健康。

捕虎者说

〔俄〕瑟索耶夫

上个世纪对世界上的大动物——乌苏里虎（又称东北虎）来说，是不友好的世纪。100 多年前，这种百兽之王还是远东地区的常见动物，到 20 世纪 30 年代时，它濒临绝迹，多亏科学家努力挽救，才得以保存下来。20 世纪 80 年代期间，远东的这种虎的总数接近 450 只。而现在，它们只剩下不到 300 只了。

乌苏里虎是地球冰川前期的活标本，它的长毛"保存"着遗传"记忆"。此外，它身上的每样东西——连鼻子、牙齿甚至内脏都是宝，更不用说虎骨了。中国的传统医学从来就把它视为万应灵丹，有一家药厂每年生产几万瓶虎骨酒。他们为了自己发财，居然残暴地捕杀珍兽。

人类为了一时的利益野蛮地砍伐原始森林，俄罗斯破坏了成片的雪松林。而雪松是老虎的猎物——野猪的粮食。这样，打断了自然界的生物链。

在原始森林中，虎的叫声最可怕。百鸟闻之纷纷飞离树木，百兽听后，都会急忙躲进洞里。尽管老虎的吼声令百兽胆战心惊，但如果长期听不到虎吼，森林中的动物都会因缺乏运动，无病而终。

我们的捕虎员是不伤虎的，他们捕的虎用于动物园或马戏团。可是有一次，围猎的狗群遇到一只雌虎，它们的任务只是等待猎人到来。没想到它们发挥了过高的积极性，没等猎人赶到，就把雌虎咬得只剩下一口气。猎人见状，忙把伤得奄奄一息的雌虎抱在怀里，喂它喝了牛奶。当时，伤虎的目光中充满了恐惧和哀怜。

捕虎队往往不是父子兵，就是兄弟将。捕虎在冬季进行。从雪地上的脚印，分辨出成年虎和 3 岁的幼虎。这样的幼虎一般重 100 千克上下，有 5 厘米长的牙齿。母虎把它带出来，让它锻炼独立生活的能力，所以它有机会离开虎群独自走动。

捕捉幼虎时，先由猎犬把幼虎围在中间，等待猎人。要想制服它，需要 5 名猎手一起行动。他们必须同时扑到幼虎身边，4 个人分别抓住 4 条腿，第五个人要一下子抱住虎口，然后用粗绳子绑起来。老虎到这时候已不再反抗。

（王南枝　译）

海象情

[英] R. 佩里

母海象被认为是哺乳动物中最关心"子女"的"母亲"。它躺在冰上，眼睛一刻也不离开自己的仔兽。如果有别的海象爬近仔兽，母兽就会立刻扑过去攻击来者。当尼库林的小船驶近正在冰上给仔兽哺乳的母兽时，它不安起来，但它一直没有触动仔兽，继续喂奶直到尼库林在离它 30 多步远的地方开枪把它打死。加拿大《地理》杂志曾刊登了一幅在柯特斯岛附近拍摄的照片，照片上是一头受了伤的母兽用自己的身体掩护仔兽躲避站在船头准备再次发射鱼镖的猎人。

F. 南森于 19 世纪末曾在法兰士约瑟夫地附近的海中多次发现大海象群。他写道："我们贮藏的肉已快吃完，于是就决定进行补充。我们乘小船驶近海岸，登陆后径直向躺在小山丘上的一群海象走去。我们比较喜欢年轻的海象，因为它们的肉易于切成小块。我们先射中了一头稍大些的。第一声枪响后，成年海象全都抬起身来，向四周环视，当第二次枪响，整个海象群都立起身来向海中冲去。但两头母兽不愿意离开已经死去的仔兽。一头母兽把仔兽嗅了一遍，然后用鼻子轻轻推了推仔兽，它不明白出了什么事。当它看见仔兽头部流血时，便像人一样地哭起来。最后当所有海象潜入海中，母兽便开始把仔兽往水里推。我担心会失去这头猎物，就急忙扑过去想抓住它。可是母兽赶在了我的前面，它用一只前鳍脚抱起小兽潜入海中。第二头母兽也是如此。这一切发生

得那样迅速，使我手足无措。我目瞪口呆地望着它们离去。我以为死仔兽一会儿会浮上水面，可是它们再也没有出现。大概母兽就是那样一直抱着它们游走了。这时我走到了另一群海象跟前，那里也有小兽，我射中了一头，不过这次连母兽也射死了。母兽中弹之前，弯下身去用鳍脚抱起已死去的仔兽，接着它也中弹死去，这情景令人十分感动。"

热里特·D. 费尔在他的日记中写道："当带仔的海象在冰上遇见渔民时，母兽就把小兽抛进水里，自己也窜入水中，然后用前鳍脚抱住它，忽而潜入水下，忽而又浮出水面，而当母兽想对猎人报复或反抗时，就抛开仔兽，尽全力游向小船。有一次我们的人就遇到了危险，因为那头海象毫不留情地把獠牙刺进船尾，打算掀翻小船。不过人们马上喊叫起来，它吓得抱起仔兽游走了。"

在 1962～1963 年的春季狩猎期间，美国动物学家 J. 伯恩斯陪同猎人在白令海峡代沃米德群岛的一个岛屿附近有幸看到了许多海象群，每群为 50～150 头。伯恩斯注意到，甚至当小船划到距冰块 20 米处时，大部分海象仍无不安表示。雌海象终于不安起来，它们把自己的仔兽从高出水面一米的冰块上推下去，然后自己也纵身跳入水中。有一头仔兽显然不愿跳下水去，母兽就用鳍脚硬把它拽了下去，自己也随之潜入水中。

不少猎人看到过雌兽用鳍脚抱着仔兽跃入海中，然后抱着它仰游的情景。其中有一些雌兽紧紧抱着已经死去的仔兽，凶猛地冲向因纽特猎人，使他们不得不从船上下到陆地或冰上去。据维多利亚时代的猎人 J. 拉蒙特说，有一头雌海象抓住一艘护卫舰的舰长，把他拖入水中。因为，他刚刚杀死了它的仔兽。当然舰长还是安然无恙，就是额头两侧被海象的獠牙划了两道深深的口子。据欧洲人和因纽特人证实说，年轻的雌海象总是在那些丧母的小海象受到威胁时才挺身保护它们。如果仔兽的母亲被杀死，它们都会被收养为"义子"。时至今日，人们仍对这种报道持有怀疑。不过，伯恩斯不仅证明确有其事，而且还补充了更令

人惊奇的事实。有些母兽在遭到枪击时，会把仔兽抛到一边，好不使它也遭致危险。在这种情况下，没有"孩子"的母兽（也可能是丧子的母兽），特别是年轻的雌兽，会不顾射击在兽群中引起的惊慌和骚乱，一次再次地去搭救那些滞留冰上并呆在已被杀死的成兽身旁的仔兽和幼兽。这些营救者在救助小海象时，也是先把它们推下水去。

值得注意的是，就连年轻的雄兽也参加营救活动。据一位捕鲸船船长讲，他曾看到一头大海象（很可能是头雄兽）一边保护趴在它背上的三头仔兽，一边在水里转来转去，并把一对可怕的獠牙对准两头袭击它们的逆戟鲸。

了解海象的猎人常利用这点来猎捕海象。他们先用鱼镖捕住仔兽，然后借助仔兽的吼叫声，把附近的所有海象吸引过来。巴坎写道："我们的一条小船袭击了一头雄兽和一头雌兽，雌兽头部负伤时，正在冰上用一支鳍脚抱着仔兽喂奶，雄兽立刻跃入水中，显然是打算向小船进行报复。雌兽仍竭力用左鳍脚保护仔兽，并向冰块边缘移动，我们毫无顾忌地将 3 支矛刺进它的脸部，它终于扑通一声摔到水里，险些把小船搞沉。母兽一落入水中便放开了仔兽，仔兽发出呼哧呼哧的声音疯狂地向小船扑去，好像要把小船一口吞下去似的，不过受了当头一击之后，它就游回母亲的身边去了。受了伤的母兽很想爬到漂过身旁的每一块冰上，但雄兽好像预见什么新的危险，所以每次都用獠牙把雌兽推下水去，似乎要把雌兽留在水中以便搭救它。雄兽推着雌兽离开我们，以后便游到我们的射程之外。"

巴坎写道："我们看到这些海兽对受伤的同伴表示出深深的怜恤之情。一天，我们的人在靠近马格达冷湾的斯匹次卑尔根沿岸一带跟踪海象。开头的一阵火枪齐射把那些能动弹的海象都赶下了海，但是，当混乱刚一平息下来，海象便又回到岸下，或连拖带拉，或连推带搡把那些受伤的海象弄下水去。

另有一次，我们乘小艇到一块浮冰上去，那里有许多海象正在休

息。虽然它们非常警觉，但我们的几名船员还是悄悄登上了冰块。枪声一响，它们急忙冲向冰块边缘，几乎将站在那里截获这些海兽的考察队员撞落水中。海象皮极为坚硬、厚实，再加之水手们与它们保持相当距离，以躲避海象獠牙或头部的撞击，因此，想要杀死海象并非那么容易。

它们从四面八方狂吼着向小船冲来，有的用獠牙钩住船帮，有的用头撞击船舷，我们费了好大力气才没让它们把小船搞翻。"

彼德森曾拍摄过这样一幅照片，照片再现了一头中弹的雌兽用鳍脚抱住一头雄兽的背，随它离开象群游走的情景。针对这一情况彼德森解释道："海象的这种团结精神只能说明它们天生怕淹死，这大概也说明这样一个事实，即海象尚未完成向真正海洋哺乳动物的转变。"

鲸殇

李存葆

20世纪60年代初期，当我所在的部队为破除迷信而炮击巨鲸时，区闻陋见的我并不知道，早在两个世纪前，西方一些国家为榨尽鲸类每滴脂膏，便在烟涛迷蒙的大海上，卷起了对鲸的淹没生而埋葬死的狂潮。

西方国家猎捕大型鲸类，历经了格陵兰捕鲸、美国式捕鲸及现代捕鲸的三度兴衰。

17～18世纪，在北大西洋的斯匹次卑尔根群岛近海，荷兰、英国、德国等国的捕鲸队，对北极露脊鲸竞相杀戮。那些闪着贪婪目光的锐士豪强，那些蹈海踏波的冒险家，摇着木船，举着钢叉，对准肥硕的鲸脊，恶狠狠地刺去。温驯的露脊鲸的声声哀鸣，并没有唤醒猎鲸者的恻隐之心。殷红染污了海的蔚蓝，血的浊波遮掩了水的明澈。到19世纪初，北极露脊鲸被追捕殆尽，格陵兰捕鲸时代遂告结束。

美国式捕鲸初始也是逡巡于沿海近岸，以黑露脊鲸和洄游近岸的抹香鲸为主要猎物。到远海追捕抹香鲸始于18世纪初，捕鲸的海域迅速扩展，到18世纪末，英国捕鲸船队已绕过好望角，抵达太平洋。继而，法国、德国的猎鲸船舶也骄横地闯进大西洋、印度洋。蒸汽机的发明使捕鲸者告别了手摇的桨橹，钢板的组合使猎鲸人拜辞了刳木的舟楱。疾驰的海轮足可使冒险家鄙视巨鲸的速度和耐力，浪涌中流动的楼阁成了狩鲸者啸傲狂涛的鹿砦。19 世纪前半叶，夏威夷成了世界捕鲸基地。对齿鲸中躯体最大的抹香鲸的围追堵截，于 1846 年达到高峰，年捕万头。与此同时，太平洋中的露脊鲸、灰鲸、座头鲸等鲸类也遭浩天大祸，在劫难逃。一时间，夏威夷港口内，列国的鲸船旌分五色，云屯雾集。美丽的夏威夷成了鲸血漂杵的屠宰场。浩瀚的大洋里，捕鲸者们张扬着强悍，喷溅着血腥，播撒下欲望的种子，打捞着巨大生命的死亡……19 世纪末，太平洋的抹香鲸所剩无几。当抹香鲸肠内那"龙涎香"的幽香，使世界上更多簪缨之族的膏粱子弟、曼妙女郎薰薰然怡怡然时，美式捕鲸也告式微。

1868 年挪威人福因发明捕鲸炮，开现代捕鲸之滥觞。为避免炮弹对鲸体鲸皮过大的损伤，为躲开因中弹而盛怒的巨鲸对船体那拔山扛鼎般的拉力，小小的捕鲸炮比商纣王的"炮烙"更见人类的睿智与颖悟，充溢着人类对动物的专制与自私、狡猾与刁钻。捕鲸弹的尖帽内，安有四个带倒钩的钢爪，且系有长长的射绳，弹头射入鲸体后，弹帽炸开，钢爪便紧钩鲸体。见鲸中弹，捕鲸人便在射绳的尾端拴上或白或红的浮标，速让牵有巨鲸的射绳脱离船体。尽管巨鲸有着惊人的生命力，但嵌入体内的四只钢爪已使其心裂肺撕，捕鲸人却能优哉游哉地眼观浮标，等候巨鲸流尽最后一滴血。捕鲸炮的发明，使现代捕鲸的浪潮迅即由挪威漫卷全球……19 世纪初，欧美捕鲸船队耀武扬威地开进亘古神秘的南极海域，骤然发现这里潜游着地球有史以来最庞大的生命，蓝鲸、长须鲸、大须鲸、座头鲸……它们成群结队，潜入水中是有着热血和体温的潜艇舰队，露出海面是移动着的力与美的山峰。然而猎鲸人并非审美者，冰冷的南极也无法冻结他们那噼啪燃烧的欲火。霎时间，高寒的南极涌来列国捕鲸的热浪。南极距欧美，关山迢递，天水悬隔，聪明的人类在 19 世纪 20 年代中期，又制造出捕鲸母船，到 30 年代初，挪威、英国在南极的捕鲸母船达 40 余艘，所随捕鲸艇 200 多只，年捕巨鲸近 4 万头。酷似航空母舰的捕鲸母船，是移动的鲸类加工厂，它实现了对鲸

的捕杀分割、提炼加工一条龙的流水作业，再庞大的肌体，再肥厚的脂膏，也都难以填满母船那大伸大缩、大吞大吐的胃腔。横卷万里犁庭扫穴般的野蛮大袭击，使鲸类遭受到前所未有的大摧残……

我国辽阔富饶的海域，原是鲸类洄游栖息的洞天福地。虽然殷墟遗址里有先民在鲸骨上刻有的文字，但我猜度那不过是古人对搁浅鲸鲸骨的使用而已，并不像有人那般自豪地认为，我华夏是全球最早利用鲸资源的国度。神州之鲸遭无妄之灾，首先来自东瀛人的发难。20世纪初，日本东洋捕鲸株式会社先后在我沿海及台湾多处设立捕鲸基地，那插有膏药旗的"第一东乡丸"、"神功丸"等捕鲸船，在我海疆上逐北追南，逢鲸必毙。直到1945年战败投降，日本才中止对我国鲸资源的掠夺……新中国的捕鲸业起步于20世纪50年代中期，但"小米加步枪"般的装备，小股"游击队"式的出袭，只能在近海猎获小鰛鲸。1963年底我国制造的大型捕鲸船"元龙号"下水，才证明我国具备远洋捕鲸能力。虽然"元龙号"于1964年在黄海北部捕获的那头重仅45吨的长须鲸，很使国人自豪了一阵子，但从新中国成立到全球性捕鲸业的关闭，连搁浅鲸在内，我国仅获鲸1600余头，与西方捕鲸大国相比，判若霄壤，羞难启齿。然时光老人常常将是非曲直、黑白美丑、毁誉褒贬悄悄易位。国人往昔那因国无捕鲸母船的自卑，已化做保护地球最大生命的心灵上的慰藉……

以鲸为原料的产品曾充斥世界。人类对鲸的豪夺巧取，曾使人类有过巨大满足的快感。然这快感的获得付出的却是高昂的利息，致使人类在造物主那里，有着永远无法还清的鲸债。

鲸濒临消亡，上苍曾迭发警示。首先，全世界所捕各种鲸的平均体重逐年锐减。1932年为66吨，1950年为46吨，到1978年平均体重尚不足20吨。这些枯燥的数字浓缩着灵与肉的无限悲哀。它清晰地表明，有着百年遐寿的巨鲸，已不能休养生息，它们中有的尚在孩童期便成了人类刀下的幽魂。其次，大洋中鲸的稀少，更令人嗟悔无及。鲸中躯体

最大的蓝鲸，在南极鲸类未被开发前最少有 20 余万头，1989 年国际捕鲸委员会经过连续 8 年的搜寻后披露，全球幸存的蓝鲸最多尚有 453 头。长须鲸、大须鲸、座头鲸、抹香鲸等主要鲸种，皆面临种类至尽的绝境，那一个个曾是本固枝荣、沸反盈海的庞大家族，如今都是家丁无几，再衰三竭……

鲸类为人类文明的灯盏，几近耗尽了最后一滴脂膏。

金枪鱼的墓志铭

［加拿大］法利・莫厄特

被称做蓝鳍金枪鱼的大鲭鱼，是所有鱼类中个头最大、进化的程度最高、最不寻常的一种。它能长到 4.3 米长，680 千克重，流线型的肌肉组成结实的一大块，仿佛是按最佳的流体力学方案长出来的。它每小时游水的速度能够接近 96.6 千米。从某种意义上来讲，这是一种"热血鱼"。在鳍状鱼类中，它几乎是惟一能够调节自身体温的鱼儿。蓝鳍金枪鱼游水的技艺如同鸟儿在空中飞翔一样毫不费力。在海中，可能没有任何动物能够捕食它或逃脱它的捕食。某些当代生物学家称它为超级鱼，但是人类承认它的独特之处，却可以追溯到历史的开始。史前的洞穴画家与克里特岛的迈锡尼文明一样，明显地对金枪鱼表示赞美，并且几近敬畏的程度。

古代的海上猎手们能够捕杀金枪鱼时就捕杀它。在时代的长河中，其他人也继续这样干。尽管如此，金枪鱼的生命力之强，以至在 30 年之前还能保持总体数量不减少。

西部的金枪鱼在墨西哥产卵，但是在春夏两季，其栖息范围却一直延伸到北部的纽芬兰。1939 年前，在北美海洋中遭到捕捞的主要就是该族的金枪鱼，重量为 5～50 千克。每年的捕捞量为几百吨，规模小，足够金枪鱼承受。大金枪鱼可以活到 35 岁，几乎没遭到捕捞过，只有那些买得起或租得起大型摩托艇的少数有钱人才捕捞它们，他们从摩托

艇上用鱼竿和绕线轮来钓鱼，进行消遣。

但是在 20 世纪 50 年代，人们对金枪鱼产生出一种新的但却是令它致命的兴趣，罐装金枪鱼开始受到大众欢迎，在世界市场上销售，供人类食用，以及被用来喂养富裕的北美人饲养的宠物。而宠物的数量在不断地增加，因此商业性捕捞金枪鱼的活动也在迅速增加，虽然其主要目标仍然是年幼的金枪鱼。至于年长的蓝鳍金枪鱼，它们决定着该鱼种生存和繁衍的命运，却成了娱乐性捕鱼者的目标，参加者呈爆炸性地增长。成千上万拥有多余收入的男男女女们，为了得到纪念品把钓鱼当做一种娱乐。

到 1960 年时，每年有 11000 个钓鱼爱好者乘坐租用的小艇，希望钓到和捕捞到可作为"胜利纪念品"的金枪鱼，以便在鱼旁边拍照留念。1979 年，一位捕鱼爱好者创下一项世界记录。他在新斯科舍的海面上捕捞到一条 32 岁、重 680 千克的蓝鳍金枪鱼。此后，人们再也没有见到过这么大的金枪鱼，可能永远也不会看到了。

在 20 世纪 50 年代捕捞高峰期内，北大西洋的商业捕鱼业每年要杀死 150000 条蓝鳍金枪鱼，但是到 1973 年时，捕捞量却下降到 2100 条。1955 年，仅挪威船队就捕捞到 10000 条小金枪鱼，1973 年，该船队只捕到 100 条。前些年里，葡萄牙渔民每年用大陷阱网通常要捕到 20000 条金枪鱼，1972 年，他们只捕到 2 条。从 6 世纪起，一直在直布罗陀海峡作业的一张巨大陷阱网，在 1949 年捕捞到 43500 条金枪鱼，1982 年，只捕到 2000 条，而且都是很小的金枪鱼。

从 20 世纪 50 年代晚期开始，日本成为最有钱可赚的市场。最初，日本的金枪鱼是从外国渔业公司购买的。然而，随着快速冷冻技术和深海冷冻柜及捕鱼船的完善，日本人自己也开始涉足捕鱼业了。1958 年，当第一艘捕捞金枪鱼的美国大型围网船"银水貂号"（技术上的奇迹）投入使用时，很快成为有史以来最成功的捕鱼船。日本、美国和许多国家的商业性捕鱼集团纷纷仿效，并且为了建造更大、更好、更有效的船

只，相互之间展开竞争。凡是能够发现金枪鱼的地方，他们都去搜捕，其效率高得令人可怕。

最大的金枪鱼捕捞船是"扎帕塔探路者号"，这是一艘 76.2 米长的超级围网船，在巴拿马注册。它看上去与其说是一艘捕鱼船，倒不如说更像一艘希腊船运大王的私人游艇。该船价值 1000 万～1500 万美元，配有卫星导航系统，并载有寻找金枪鱼的直升机。它还为船长配备了套房、酒吧、休息室、一张大号床和镀金的浴室水龙头。该船航行一次就能捕捞、冷冻和贮存价值 500 万美元的金枪鱼，并可以为船长一年挣25 万美元的薪水。但是该船一共赚了多少钱，人们却不得而知，同样也不知道它的主人是谁，在相互重叠、相互连锁的公司名下，使人们看不清真正的主人是何人。然而。据金枪鱼捕捞业消息灵通的观察人士估计，"扎帕塔探路者号"每年作业都能为所投资本赚到百分之百的利润。它及其姐妹船们在积累这些可憎的利润过程中，屠杀金枪鱼的规模之大，到 20 世纪 70 年代末期，这些超级围网船将自己也赶出了捕鱼业。

日本人除了建造大型围网外，在制造延绳方面也取得了重大进展。到 1962 年时，每年捕捞的金枪鱼有 40 万吨。但是到 1980 年时，整个日本的 300 条延绳钓船只捕到 4000 吨蓝鳍金枪鱼。

20 世纪 60 年代，人们发现由于污染，在长年生活中金枪鱼的体内集聚了危险级的汞，致使大多数西方国家颁布禁止销售金枪鱼肉的法令。在一段时间里，资源保护主义者希望剩下的大金枪鱼可以因此而幸免于难，能进行后代的繁衍。但是这种希望太渺茫了。到 1966 年时，娱乐性捕捞金枪鱼已受到普遍喜爱，该年仅在纽芬兰就有 388 条大金枪鱼遭到捕捞和杀害。由于这只是娱乐性捕捞，在进行义务性拍照后，大金枪鱼的尸体就被扔到水中。

然而到 1968 年时，在国民富裕程度日益加大的刺激下，日本的美食家市场喜欢上了大金枪鱼的生肉。日本人没有被汞含量给吓住（恐怕他们甚至还没听说过）。日本的享乐主义者最终以 55 美元 1 千克的价格

来购买大金枪鱼的生肉。在此机会下，北美的"娱乐性"捕鱼业大大地发了一笔横财。

1974年，在自诩为世界金枪鱼之都的爱德华太子岛北湖里，出租小艇上的驾驶员们帮助客户在船上装了578条大金枪鱼，然后将大多数已速冻的金枪鱼卖往日本。金枪鱼导游和小艇出租者们几乎不敢相信自己的好运。当没有"娱乐性捕鱼者"来捕捞大金枪鱼时，他们就安放捕捞金枪鱼的拖网。从娱乐性捕鱼者的观点来看，这个程序跟晚上在鱼塘中放上装有钓鳟鱼鱼饵的钓鱼线大体上是一致的。

1978年，有3000条大金枪鱼被运到日本，变成生肉。但是到1981年时，在世界金枪鱼之都却只捕到55条大金枪鱼。这一年，在北湖一位捕鱼爱好者开的汽车旅馆里，有人告诉我金枪鱼"改变了迁徙模式，但不久一定会回来"。它们还没有回来。小艇出租者正将小艇卖出，或是想方设法地诱使热心的娱乐性捕鱼者回来，也许是捕鲨鱼吧？

大金枪鱼生肉这宗生意十分赚钱。1974年，控制这宗生意的日本企业家们在加拿大渔业部的支持和鼓励下，出资在新斯科舍建立了一个独特的"养鱼场"，并允许这个养鱼场使用网捕捉圣马加雷特湾附近能够找到的所有大金枪鱼。然后，这些大鱼被转移到水下笼子中的"饲养场地"，用鲭鱼将它们喂肥，数量不受限制，直到金枪鱼达到最佳重量和条件时，将其宰杀、冰冻、空运到日本。1974年，有50条大金枪鱼享受了这种待遇。但是在1977年，有将近1000条金枪鱼遭到捕捉，然后被养肥，屠杀，运到日本去满足日本人的口味。现在这个"养鱼场"的鱼已快宰完了。在过去几年里，有时只能捕到25条大鱼。很明显金枪鱼已去了别处。

金枪鱼的许多其他成员也在同样的黑色阴影下游弋着。1975年，海洋生物学家约翰·蒂尔和米尔德里德·蒂尔，在其所著的《马尾藻海》一书中给金枪鱼写下了墓志铭："较小的蓝鳍金枪鱼，即中等大小的5～8岁和5岁以下的蓝鳍金枪鱼，大群大群地生活在一起。在大西

洋东部被人们用钓丝、鱼饵和鱼钩钓起；在大西洋西部被人们用围网捕捞……捕捞量很大的商业性捕捞，甚至将重量不足1千克的小个金枪鱼也捕捞了。一旦大金枪鱼消失，作为商业性鱼类蓝鳍金枪鱼也将消失掉……将金枪鱼扫荡殆尽是愚蠢的，但我们却从未使它妨碍我们过度捕捞其他能赚钱的鱼儿，即鲸、龙虾和黑线鳕。"

（曾　绪　译）

金丝燕，请君口下留情

点　点

　　根据华盛顿公约组织（即国际环境保护组织）的调查，目前每年进入市场的燕窝在 180 吨左右。如果一个燕窝平均为 6 克，等于用了 2650 多万个燕巢。燕窝最大的消费地和转口地是香港，其次是北美华人圈。近年来，中国的燕窝消费量也与其经济发展一样，急起直追。不少豪华餐厅争相标榜珍贵的燕窝菜肴，招徕顾客。而电视上频频出现的罐装燕窝广告，更是向平民百姓频送秋波。

　　成为席上珍馐的燕窝，主要由 4 种分布于印度尼西亚、泰国、马来西亚和越南等国海岸岩壁与洞穴的金丝燕所贡献。分布各处的金丝燕，每年繁殖季节不同，但在孵卵前都会不眠不食如春蚕般千万回不停地摆动头，吐出一道道如丝的黏液粘在石壁上筑巢。

　　如果首次筑成的燕巢被掠走，成燕会奋而续筑第二个、第三个巢。由于体力与热能的过度消耗，此时母燕的生产力无法与第一次筑巢所产的卵数相比。营养不足的成鸟，只好利用断崖上的天然凹洞造出缺乏具体巢形的燕窝。如此一来，卵或雏燕常因此由岩壁摔下，粉身碎骨。可悲的是，吃了燕子口水，果真能改善体质、养颜美容、延年益寿吗？

　　燕窝的主要成分是蛋白质，含量 90％ 以上。在生物学者眼中，蛋白质来源多的是，何必单挑燕窝食用？更有学者指出，燕窝中的蛋白质是一种人们消化器官无法分解的酶素，对人体来说无营养价值可言。

根据生态学家的调查，实际上官燕、毛燕与血燕的巢是不同金丝燕的巢，其中爪哇金丝燕巢几乎 100％ 由唾液组成，灰腰金丝燕巢则含 10％ 左右的羽毛，而棕尾金丝燕筑出的血燕窝，其实是因为筑巢材料不同，加上生存环境较高的氧化铜所致。有人利用越奇特越有补头的心态，造成血燕窝价格哄抬。甚至在产地刨造了将白燕窝染红的加工业。血燕之说虽纯属虚构，但金丝燕完成一个巢的艰难仍不下于杜鹃泣血。

雨燕与中国古诗词中穿梭于雕梁画栋、珠帘绣户的家燕不同。家燕与人类亲近，喜停栖地面捡衔泥团，飞回屋檐筑巢。雨燕却几乎一生不落地，除了入巢休息、繁殖，就是在空中游戏、求偶、交配，捕捉随着气流而上的昆虫为食。雨燕终生以天为家，为利于飞行，就在距地面几百米的岩壁上筑巢。有些雨燕拥有类似蝙蝠用声音引导方向的本领，可以深入到好几英里的黑暗洞穴中繁衍后代。在资源不如陆地的天空，雨燕欲将巢黏附在绝壁高处，就用本身含有胶质的唾液，混合由地面吹至空中的植物或自身的羽毛黏结成巢。它们就比其他同科的鸟儿更辛苦，必须分泌更多的唾液。正是因为其口水成分有营养，才不幸登上补品宝典中。曾花一年多时间在泰国虎崖燕洞拍摄采燕情形的法国摄影师艾利克，就常见到大量雏燕、卵和燕窝被采收后成堆抛弃于地面。在东南亚许多小岛的悬崖上，如今布满进入燕洞的竹架，就像被采空的矿场，竹架已腐，洞穴已废，鸟儿也无踪迹。

生态学家长期追踪调查发现，由于 20 年来的过度采收与偷猎，在泰国、缅甸和世界最大金丝燕产地——马来西亚的沙捞越，有两种金丝燕已经减少 40％ 左右。1989 年，马来西亚政府曾宣布全面禁止在沙捞越燕洞采集燕窝，希望金丝燕群能够恢复。然而燕窝需求有增无减，价格猛涨，使得禁采地区不断遭到盗猎。

由于金丝燕在离地面上百米的岩壁上筑巢，采燕窝可说是极高难度的工作。采燕窝者必须深入伸手不见五指的洞穴中，口衔火把，一手攀着用青竹和爬藤编成的云梯，一手用工具掏取燕窝。马来西亚一个燕洞

中，3年内曾摔死8个人。阴森潮湿的空气，满洞飞舞的金丝燕，悲啼哀泣的燕声，加上悬崖绝壁上意外事件频传，传统的采燕窝人认为，黑暗巨大的燕洞是神灵的财产，必须先经神的允许方可进入，否则会触怒洞神，遭到不测。因此，传统采燕窝人每年在采收之前必须先行祭洞仪式，杀一头水牛做奉献。由于对自然的敬畏，传统的采燕窝人都不敢赶尽杀绝。20世纪五六十年代以前，在沙捞越，采燕窝人分别在十一月和来年三月采集两次，第三巢则留存着好让燕子孵育幼雏。

不知是科技的发展使人们不再相信有洞神，还是燕窝价格狂涨使一些人禁不住诱惑，20世纪下半叶，人们对自然不再敬畏，而是贪婪、无止境地攫取。如今在沙巴、沙捞越和许多地方，传统的采收方法已废掉，过去的采收还为金丝燕留有一线生机，今天的采收活动却整年不停。而且以现代化的液压升降梯代替过去的竹藤梯，使采收既安全也容易。

金丝燕在生物链的地位，绝不是向人提供燕窝。金丝燕嘴型短而宽，是捕食昆虫的高手，一天需吃掉相当于自身体重一半以上的蚊虫。一只20克重的燕子，一天约吃掉7000只虫子，一生吃掉的数量更是天文数字。

金丝燕的族群，要在现有缺乏管理的采收情况下维持是不可能的。因此，华盛顿公约组织提出将金丝燕列入第二类濒临灭绝野生动物名单，加以保护。金丝燕，请君口下留情。

藏羚羊与"沙图什"围巾

李玉铭

自从人类进入文明社会以来，由于种种不文明的消费导致了物种破坏的事件不断发生。20 世纪六七十年代欧洲毛皮市场的兴起，曾使北美地区每年数十万只海豹被捕杀；亚洲国家对麝香、犀牛角、虎骨在传统医药中的大量消耗，造成一批相关物种数量的急剧减少。

在 20 世纪最后的年代里，每年成千上万只已在"濒危野生动植物种国际贸易公约"中被列为禁止贸易的物种——藏羚羊被猎杀后，其皮张或毛绒通过非法贸易渠道，不断被从中国偷运出境，经过加工竟成为某些被视为文明社会的国家富有阶层享用的消费品，这是人类社会不断走向文明时代的最令人厌恶和痛心的现象。

藏羚羊主要分布在我国青海、新疆、西藏和四川海拔 3700 米以上的高原荒漠草原地带，是我国青藏高原动物区系的典型代表，其数量曾达到数十万头。历史上我国藏羚羊曾遭受过不同程度的破坏，主要是当地群众乱捕滥猎造成的。1988 年我国《野生动物保护法》颁布后，藏羚羊被列为国家一级重点保护动物，严禁非法猎捕，商业部门停止了收购，使资源逐步得到了恢复和保护。但是，20 世纪 90 年代以来，在我国青海、新疆、西藏不断发生大规模捕杀藏羚羊案件。盗猎团伙与境外走私分子内外勾结，将捕杀的藏羚羊剥皮后，取下羊

绒偷运到印度、尼泊尔等地，加工制作成一种叫做"沙图什"（SHAHTOOSH）的围巾，通过非法贸易途径在欧洲市场上以每条数千至数万美元的价格出售。由于富有的消费者将拥有"沙图什"作为财富和地位的象征，走私者，非法加工、经营者以及盗猎者从中得到了巨额利润，致使藏羚羊绒及其制品的非法加工、贸易和盗猎活动愈演愈烈。

中国政府和社会各界及有关国际组织，对由于非法贸易在我国青藏地区引起的盗猎活动给予了极大的关注。几年来，国家林业局和地方政府组织林业公安队伍、森林警察部队，多次开展打击盗猎行动。自 1990 年以来，我国森林公安机关已破获盗猎藏羚羊案件 120 余起，收缴藏羚羊皮 20000 多张、藏羚羊绒 1100 余千克，还有大批枪支弹药和装备，抓获盗猎人员近 3000 人，为此付出了大量的人力物力。

然而，人们注意到，中国政府和社会的努力，抵挡不了欧洲一些国家消费市场对国际动物产品走私集团的诱惑，被雇佣的盗猎分子从走私者手里不仅得到金钱，而且得到先进的武器和装备，使他们足以对抗中国政府的打击行动。大量事实表明，当前藏羚羊绒的非法贸易还远远没有停止，中国藏羚羊资源还在继续遭受巨大的破坏。导致藏羚羊资源遭受破坏的根源在于一些国家对"沙图什"的消费和由此形成的藏羚羊绒制品市场。

现在，亿万中国人和全世界向往文明的人们都在关注着藏羚羊的命运。解决藏羚羊的保护问题，必须从根本上尽快关闭目前主要存在于欧洲的藏羚羊绒产品消费市场，消除人们不健康的消费心理，才有可能使打击盗猎、走私、非法加工和贸易的活动取得成效。应当教育那些藏羚羊绒制品的消费者，那些浸满藏羚羊鲜血的"沙图什"给你们带来的并不是荣耀和享受，而是耻辱和无数的谴责，因为这种消费导致千万个其他地区难以寻觅的生灵被杀戮，给人类自然历史带来难

以挽回的损失。因此，有关国家的政府必须采取有效的行动，包括"濒危野生动植物种国际贸易公约组织"、"欧盟"在内的有关国际组织、机构、各国民间动物保护组织，必须认真履行各自的职责，积极参与到保护藏羚羊、制止藏羚羊绒及其制品非法贸易的行动中。

野生动物的大敌

蔡学渊

乌云缓缓地飘动在美国蒙大拿州东部严寒的旷野上空。感恩节的周末，在以经营畜牧业为主的贫困的维巴克斯镇上，相当一部分人的主要职业就是非法狩猎，他们此刻正在等待分赃。黎明，蒙大拿州保护野生动物的秘密侦察员罗伊和我坐在他的实况转播站里，也在等待着。

罗伊身材高大，是一位既有耐心又很机智的人。他执行任务的覆盖面积有14700000公顷，还经常离开本州，因为蒙大拿州的野生动物具有广阔的市场。为了追踪偷猎者、投机商，他还要越出本州的范围。他说："蒙大拿州是具有惊人数量的野生动物的最后一个州了，所以许多偷猎人纷纷侵入本州。"

从监控器中发出声音，是保护野生动物的秘密侦察员们从另一个州的小路上用有线载波发来的。从图像上可以看到他们出现在陈旧的王宫旅社旁边的一条马路上。秘密侦察员们后面是佛罗里达州的服饰商尼尔·艾金森，据说此人今年秋天组织了23个猎手组成的非法狩猎队来到蒙大拿州。他以为这些秘密侦察员都是他的忠实代理人。

罗伊拿起无线话筒，说："把他抓起来！"图像上出现了空旷的街景，艾金森正在刮去汽车挡风玻璃上的冰。突然，艾金森被几辆车团团围住。他和同伙穿着肮脏的工装裤和绒毛背心，不知所措地站在那里。

艾金森是美国偷猎业的好手，他不是第一次被捕。他曾在阿拉斯加

州被判过罪。另外两个州和加拿大的两个省也调查过他的非法捕猎行为。他的详细案情证据，概括了他三年来非法捕猎的情况。天气晴朗而寒冷，47 岁的艾金森戴着手铐，被送往看守所，他将被控犯有 23 条罪状，他也知道要求宽大是困难的。

官员们说，野生动物的非法交易已经成为发展迅猛的免税生意。美国鱼类和野生动物服务机构（以下简称 FWS）的工作人员说，估计从美国动物身上获得的非法收益，每年有 2 亿美元左右，并且还在不断增长。因为从事这个行业可以获取大量的财富，所以不管是穷人、富人、服饰商、动物标本制作商都卷了进去。这桩买卖还吸引着有组织的犯罪团伙。

保护野生动物的工作人员觉得假扮成偷猎者，依靠秘密工作，去识破偷猎者及其买主的网络是一个好办法。

被抓的偷猎者，定罪的比例高达 94％，可是他们仍能供应全世界需要的美国野生动物。为了获取价格昂贵的象牙，他们砍下海象的脑袋。他们用网捕捉数千只知更鸟，只是为烧出美味的凯金浓汤。他们在佛罗里达州南部的大沼泽地里毁灭鸟巢、射杀猛禽，为的是攫取美丽的羽毛，以供装饰之用。为了制作鱼子酱，他们捕杀鲟鱼，甚至捕杀珍贵的白鲟。

肆无忌惮的服饰商人，愿意向猎手支付巨资，购买非法猎取的山狮和美洲虎，以获得狮皮、虎皮等珍贵的陈列品或装饰品。偷猎者们射杀北极熊以获得和出售熊皮，韩国人愿意出资 3000 美元购买一副熊胆。通过美国的这种非法交易，可向亚洲市场供应麋鹿角、鹿尾、熊胆、熊掌、海豹阴茎，甚至鲱鱼卵附加海草等等。

为了获得大型的动物装饰品，偷猎者有时进入国家公园，射杀麋鹿、山羊、灰熊和巨角羊，用以丰富资料集、装饰墙壁、贴入照相册。

在纽约唐人街，我问一家药店经理，她是否出售熊胆。她问我是从哪里来的。我说："蒙大拿。"她问能否卖给她熊胆，把货到付款的单据

送到她那儿，她会告诉我她可以付多少钱。我和她谈论从蒙大拿装运熊胆会判重罪的问题，她说被抓获的可能性极小。为了让我了解所需熊胆的规格，她打开锁着的柜子，抽出一只干净的塑料盒，里面放着两颗用虫胶处理得发光的熊胆，它又大又圆，像垒球似的。亚洲人什么都有，目前一副熊胆的卖价很高，灰熊胆价钱更贵，因为它是有效的春药。我曾经在唐人街一次就见到 2000 颗熊胆。

在亚洲，熊肉和熊掌汤只有在极隆重而特别的场合才能品尝到，而在美国却是普通的、富有异国情调的食品。FWS 的秘密侦察员戈斯曼说："人们只觉得享用野生动物食品富有浪漫色彩，他们不知道这是偷猎来的。"

报纸刊载，韩国商人进口 35 头冰冻黑熊，每颗熊胆售价高达 1.85 万美元。大量材料证实，光是大烟山地区三年内就丧失了 366 头熊。

在南阿巴拉契亚，不到 10 岁的熊已被射杀过半。巨角羊被迫离开了原有的栖息地。每年在美国计有 6 万头野生动物被非法宰杀。保护野生动物的官员说："违法者被抓获的，仅仅是一小部分。"

FWS 的秘密侦察员大卫·霍尔说："一旦野生动物和巨额利润联系在一起，野生动物就难逃灭绝的命运。"美国野生动物立法机关基金会指出："为了保护野生动物，目前主要的任务是加强拘留、逮捕违法者。""要严格执行莱西法令！"

莱西法令是反对非法交易的最为强硬的法令，当年，国家根据黄石公园内的野生动物被偷猎至濒临灭绝的程度而于 1900 年颁布此项法令，该法令强烈反对把野生动物非法运出国境。

1991 年 2 月，服饰商尼尔·艾金森在蒙大拿州被捕一年后被判刑，鉴于他历史上犯有 21 项严重违反莱西法令的重大罪行，他被责令交付 2.1 万美元的罚金，并监禁 37 个月。

鱼子酱及鲟鱼的厄运

黑市交易像一张大鱼网，它漂过国家的河流和海洋，悄无声息地捕走了数以百万计的鱼类和水生贝壳类动物。得克萨斯州的鱼类研究文章指出，非法捕捉量最大的是红鱼，已被捕捉 40％以上。由于过度捕捞，它的生存总数已经锐减。如果不加控制，鱼类资源将会枯竭。

国家海洋渔业服务机构要守卫从波多黎各到得克萨斯的布朗斯维尔漫长的海域，而由于缺乏执法人员，那些偷鱼贼、职业罪犯便目无法纪，他们的偷捕便成为万无一失的买卖。

我到中西部北美五大湖中的一个大湖作过调查，发现商人们在四个州出售了几吨非法捕获的鳟鱼和鲑鱼，这些鱼都经过伪装，打上了白鱼的标签，它们都受到过聚氯苯的污染，违法者把鱼几乎捕捞殆尽，又把毒素传播给消费者。

珍贵的嗜吻白鲟，在美国的河流里游弋了 6800 万年，到了 20 世纪 80 年代却面临灭种的危险，这成为人们关切的事情。美国的鱼子酱制造商教给田纳西州的渔民们把白鲟卵调制成鱼子酱的技术，从这种"黑色金子"里获得的利润远远超出想像的程度，因为这种珍稀白鲟每尾能产 4.5 千克鱼子酱，在零售市场上每千克价值 1102 美元。这样的价格等于向鲟鱼发出了死亡判决书。

1985 年在密苏里州的石板湖滩上，发现 15 尾死了的白鲟，它们被开膛破肚，鱼卵被取走了，类似的情况不断发生。秘密侦察员发现一年中在那里至少有 4000 尾白鲟被杀。一个偷捕者自夸五个夜晚净赚了 8.6 万美元。当秘密侦察员露出庐山真面目后，23 名偷鱼贼面对的是 200 项州政府和联邦政府的指控，而 23 名偷鱼贼名单中列首位的是一个有名的政客。

鹿角、羊角，权势的象征

在美国非法偷猎大型动物，追逐利润只是动机之一。有些人不惜任何代价，只是迷恋于占有，以为对这些猎物的占有象征着权势。得克萨斯州的银行家比尔·戴花去2万美元购买了一只白尾鹿的角，他把这只角镶嵌在墨西哥鹿的头盖骨上，这样他就拥有一只稀世的墨西哥白尾鹿，戴的照片被登在《野生生活》杂志上。他于是扮演起白尾鹿猎手们伟大首领的角色。可是，当加拿大官员认出这些鹿角是他们从加拿大一家动物标本商店偷出来的时候，真相就大白了。戴被判刑5年，罚款2万美元。

秋季狩猎时，宾夕法尼亚人威廉姆·休猎获的麋鹿并未列入珍稀动物资料册。他迫使蒙大拿向导进行非法狩猎，他非法购买当地居民的许可证，可他不知道推销许可证的是蒙大拿保护野生动物秘密侦探罗伊。休对罗伊说："不管其他人怎么看，我认为自己是狩猎运动员。"可是，罗伊身边带了一个隐蔽的摄像机，把休的非法活动全部摄录了下来。数月后，罗伊的录像带搅沸了安静的联邦法庭。

罗伊说："合法狩猎不能使用私人飞机、激光夜间观察仪、百万支光的聚光灯、消音器、毒药以及可以在任何地形运行的运载工具。采取上述种种手段使我们失去了许多高级的野生动物，并影响了几代良种的繁殖。"

北美野生绵羊是狩猎人激烈竞争的猎物，猎手们愿付出10万以上的美元去购买狩猎许可证。秘密侦探斯克雷福特说："现在见不到8岁以上的巨角羊了，因为只需要半个小时，就能猎到一头价值3000美元的巨角羊，人们像艺术收藏家收集青铜制品一样热衷于猎取可供陈列的猎物。一头巨角羊保留5年就能值5万美元。"

麋鹿是当今值钱的动物，特别是它的角。美国的麋鹿角（尤其是从

国家公园非法偷猎的鹿角，因为公园的草不受化学药物污染）和韩国的鹿角都是一流的。

麋鹿每年长出新的鹿角，鹿茸在含血量最高的阶段值 309 美元 1 千克，这导致麋鹿饲养业迅速兴旺起来，同时也无意中鼓励了狩猎人非法捕捉野生麋鹿，以供应饲养场。购买一头非法捕猎的野生麋鹿价格高达 1.6 万美元。

插上羽毛的可卡因

4 条主要的候鸟飞行路线，从北极到墨西哥和南美洲，汇集了迁徙的水鸟，但是在迁徙过程中被射杀的鸟类数量不断增长。猎手们毁灭翠鸟、朱鹭和红尾鹰，用排射杀死其他珍禽。

某些野鸭和十几种水鸟的濒临灭绝，迫使美国和加拿大政府于 1918 年签署了保护候鸟的条令，条令规定了射杀界线和禁止候鸟进入市场买卖，使残存的鸟类得以缓慢地恢复生机。如今，水鸟又面临崩溃的边缘，从 1940 年以来小鸟数量减少了 60%。鸟类不断失去栖息地，化学毒物和污染使它们减少了再生的机会。

除了欧棕鸟、家雀、山地鸟之外，几乎所有的鸟类都受到美国法律的保护。美国印第安人的禽类羽毛制品引起了世界范围的强烈兴趣，一条金色鹰尾可卖 260 美元，茶隼的帽饰值 10 美元。在美国，有关鹰的买卖均属非法。现在，美国西部鹰的羽毛黑市交易额每年高达百万美元，其中许多卖到日本、德国、英国、东欧等地。

活的猛禽价值数千美元。一个危害猎鹰、大隼、苍鹰和哈里斯鹰的黑市交易网的交易范围从阿拉斯加到北极区，再一直延伸到沙特阿拉伯。两个加拿大走私商在北美的鸟类交易中净赚了 75 万美元。有 50 多人因走私猎鹰而被定了罪，这帮人称这些禽类是"插上羽毛的可卡因"。

连蛇也遭殃

爬行动物和猎鹰一样，专门有一批人来收集，十年前 FWS 的秘密侦探们在佐治亚洲的亚特兰大开设了一家沿街店铺，他们发现每年有数百只美国爬行动物在野外被偷走了。用船邮运蛇类是非法的，可每年仍有 10 万条蛇被运走，其中 60％死了，运送的目的地有日本、比利时、英国等。

保护野生动物基金会创立者德兹·克劳福德说："现在人们把追求时髦放在首位，美国需要印第安蛇皮做长统靴，像约翰·特雷伏泰在《城市牛仔》影片中穿的样式，也需要像保罗·霍根在《鳄鱼邓迪》中穿的网状蛇皮茄克，于是这两种蛇都要遭殃。"

把汽油灌进蛇洞捕蛇是违法的，但是在得克萨斯州围捕响尾蛇时却流行这种做法，产生的副作用是：汽油破坏了水质，使海龟、乌龟和钻进地洞的猫头鹰中毒。现在，西部的菱纹背响尾蛇几乎绝迹，由于围捕了响尾蛇，老鼠和兔子得以吃掉农夫价值达 2500 万美元的庄稼，还未算上让蛇回归原处的花费。

无头尸体和海象牙

在阿拉斯加的白令海，海象及其象牙成了人们交易的热点。1972年制订的海洋哺乳动物保护条令规定：非美国出生的公民射杀和出售海象、海豹、海獭、海狮或北极熊均属非法。因此，许多白种商人利用阿拉斯加当地出生的人去做非法的象牙生意，其他歹徒则声称海象牙和象皮是在 1972 年条令规定之前捕获的。

在偏僻的边远村落，像阿拉斯加的诺梅村，那里的非法象牙生意是公然进行的。一个诺梅商人对我说："我买进未加工的象牙，再卖给本

地的雕刻师，已经干了好几年了。"根据法律规定，本地的象牙雕刻制品必须是传统的样式，可是他拿给我看一只坚果形的雕刻品，里面是掏空的，他笑着说："里边可以藏可卡因。"

为了获得象牙，就去宰海象，有些当地出生的人驾驶摩托艇去大块浮冰处，用半自动武器射击，砍下海象脑袋带回，把尸体沉下海去。1988 年就有上千头海象尸体被冲到岸边，几乎都是被砍掉脑袋的。

少数海象被宰杀是因为人们想食用它的肉以及做防水服。一个带象牙的海象头可卖 1000 美元，5 个海象头可以买进一辆崭新的履带式雪上汽车。许多人于是充当了残害野生动物的屠夫。

宰杀海洋哺乳动物的违法行径很难追查，贵重的海獭皮通过秘密的黑市交易出现在世界各地。有些买主为了给他的水族馆增添新的品种，愿付巨额资金购买活的海狮。秘密侦探索洛卡在安卡雷奇市从一个人手里没收了 13 张北极熊皮，每张皮的售价是 4000 美元。

保护野生动物，国家动用了 200 名联邦工作人员，也动用了约7000 名警察，约为芝加哥警察力量的一半。可是，击倒了 1 个坏家伙，又冒出了 10 个歹徒。

未来仍有希望

然而，也有成功的事情。只要有足够的人力、财力去关心某种动物，它们就能得以恢复壮大，如 20 年前，偷猎行为威胁着美国的短吻鳄，但在持续的法律严密监控下，并加强贸易管理，短吻鳄又恢复了生机。

现在猎手们偷来的兽皮只能卖到 2.50 美元一张，买卖的主动权控制在买主手里，而合法的兽皮可卖到 60 美元以上，人们已经认识到偷猎野生动物的危害性。

秘密侦探们还说："我们的人民是愿意承担责任的，每个州的偷猎

热线全靠人民提供情报，野生动物得以保存下来，很大程度上得归功于他们。目前，各个州正在加强处罚，并制定统一的法律，以防止野生动物的走私活动。蒙大拿的克劳族印第安人居留地的艺术家比尔·波斯用树脂来塑造熊爪、象牙、麋鹿角和颅骨等，以替代猎物陈列品。一家日本的药厂正在不断用一种合成品来替代熊胆。"

我们更把未来的希望寄托于国家鱼类和野生动物法学实验室，在俄勒冈的阿希兰德，一流的专家们（其中包括化学分析、血清学、形态学研究、羽毛鉴别等一流的科学家）聚集在一起，专门研究他们称谓的"新的前沿技术"。过去，探明动物制品来源有困难，常使反偷猎工作处于困境，现在有了专家们的技术指导，工作就顺利得多。过去，人们对许多野生动物难逃毁灭命运而忧心忡忡，如今它们出现了恢复的生机。

凭吊人类的牺牲

黎先耀

人类虽然是地球上最后出现的"万物之灵",但许多动物却已被人类消灭了,现在只能在博物馆里凭吊这些人类手中无辜的牺牲品。西方博物馆里曾专门展出已从地球上消失的鸟兽标本,以期引起人们的反省……

美国第二大城市洛杉矶的县立博物馆有着丰富而具特色的收藏和陈列。二楼有一个已绝灭的鸟类标本陈列室,颇能引起人们的深思。这里展出今天人们未曾见到的各种鸟类,其中有大企鹅、象牙嘴啄木鸟、爱斯基摩麻鹬、长尾小鹦鹉,以及曾经在美国铺天盖地的旅鸽等,它们大多是在一两个世纪前,在人类手中被消灭的。

我还曾在巴黎的法国自然历史博物馆里,随着络绎不绝、携儿带女的旅游者在灭绝动物陈列室里徘徊深思。观看保存完好的 100 多种已从地球上灭绝的鸟兽标本——这些珍贵动物的"木乃伊",人们不禁会思考:它们到底是死于谁之手的?

人们也许还记得,在 18 世纪 30 年代,当查尔斯·达尔文乘坐的"猎犬号"中途停靠在马卢伊纳群岛时,达尔文和船上的全体船员当时就看见一种在当地被称为"瓦拉赫"的巨型狐,其体大如守门犬。达尔文在旅行日记中是这样记载的:"由于这些岛屿正在变为殖民地,因此,我认为这种巨型狐在画有其插图的纸张腐烂前,就将被列入从地球地面

上消失的种类中。"以后的事实证实了达尔文判断的正确性。1876 年，世界上最后一只"瓦拉赫"被枪杀。

此外，在一篇著名游记中曾有这样的描述："毫无疑问，这是一头我从来没见过的狮子。我清楚地看到了它的四只粗短的爪子和令人毛骨悚然的脖子……"这就是当初生息在非洲阿特拉斯山脉上的狮子，它们中最大的可达到 3 米长 230 千克重。到了 19 世纪初期，这种狮子的头部一直被"悬赏通缉"，成为有钱人家墙上的装饰物。这种狮子就这样从地球上消失了。

动物的悲剧性事件何止这些。很久以前，在非洲马斯克林群岛上生息着无数巨龟。18 世纪初期，一位目击者曾这样描写道："巨龟喜欢成群结队，有几次我瞥见 2000～3000 只巨龟集结在一起的队伍，它们互相靠得很近，远远望去，那片地方就好像是用深颜色的石板铺砌成的地面……"由于巨龟行动缓慢和笨拙，它们不久就成为那些嗜杀成性的残忍人的牺牲品。1840 年，地球上最后一只巨龟终于在非洲留尼旺岛上消失。

1840 年，身为画家和博物学家的约翰·古尔德到澳大利亚的塔斯马尼亚岛旅行。在那里，他看到了闻名于世的塔斯马尼亚狼。"当塔斯马尼亚岛被越来越多的人居住时，这种奇特而罕有的动物数量将不可避免地很快减少，灭绝将会突如其来"，约翰·古尔德在日记中如是写道。1961 年，塔斯马尼亚岛上的最后一只塔斯马尼亚狼终于被当地人杀死。

法国著名古生物学家让·克里斯托夫·巴路埃建议，为了永远记住这些血的教训，人们可以建造一座灭绝动物纪念碑。纪念碑的正面刻上这么几个大字："它们为人类而死"；纪念碑的背面刻上被人类灭绝的动物的名单，排在前十位的动物名字及其灭绝时间是：欧洲原牛（1627年），非洲马达加斯加象鸟（1650 年），南非蓝山羊（1799 年），非洲马斯克林群岛渡渡鸟（1800 年），北大西洋大企鹅（1844 年），日本小狼（1905 年），前苏联堪察加半岛大公熊（1920 年），印度尼西亚巴厘虎

（1937年），拉丁美洲安的列斯群岛僧海豹（1954年），美国得克萨斯州红狼（1970年）……

如果人类还不立即着手采取有力的保护措施的话，到21世纪，地球上每天可能有近百种动物或植物的种类灭绝。那么，大象、鲸、犀牛以及其他珍贵动物被遗忘的时刻肯定将会很快到来。

编辑后记

　　江泽民同志在 2001 年"七一"重要讲话中指出："要促进人和自然的协调与和谐，使人们在优美的生态环境中工作和生活"，这就是我们选编这部《绿橄榄文丛》的目的，旨在精选中外科普名篇，通过科学文艺形式，提高读者的环境保护意识，为"努力开创生产发展、生活富裕和生态良好的文明发展道路"尽一份绵薄之力。我们之所以能在较短时间内，完成这部内容丰富、文字生动的关于环境知识小丛书，主要由于承蒙有关选文的作者、译者的热情支持，并且得到广西科学技术出版社和中国环境文学研究会的积极协作和相助，我们在此一并致以由衷的谢忱和敬意。

《绿橄榄文丛》选编小组